建设工程与软件应用系列 3

市政工程施工技术资料管理与编制范例

陈立器　王云江　著

中国建筑工业出版社

图书在版编目（CIP）数据

市政工程施工技术资料管理与编制范例/陈立器，王云江著.
北京：中国建筑工业出版社，2004
（建设工程与软件应用系列3）
ISBN 978-7-112-06942-2

Ⅰ. 市... Ⅱ. ①陈... ②王... Ⅲ. ①市政工程-工程施工-文件-管理-中国②市政工程-工程施工-文件-编制-中国 Ⅳ. TU99

中国版本图书馆CIP数据核字（2004）第110976号

本书主要内容包括：市政工程施工技术文件管理概论，市政工程施工技术文件管理，施工表格的内容与施工表格填写范例。全书重点介绍了市政基础设施工程施工技术文件管理及相关表格的填写范例。

本书可供从事市政工程的技术人员、管理人员、资料员、监理工程师、质量监督管理人员使用，同时也可作为大、中专院校市政工程专业的辅导教材。

* * *

责任编辑：刘平平　石枫华
责任设计：孙　梅
责任校对：李志瑛　张　虹

建设工程与软件应用系列3
市政工程施工技术资料管理与编制范例
陈立器　王云江　著
*
中国建筑工业出版社出版、发行（北京西郊百万庄）
各地新华书店、建筑书店经销
北京市彩桥印刷有限责任公司印刷
*
开本：850×1168毫米　1/16　印张：12¼　字数：350千字
2004年12月第一版　2009年11月第七次印刷
印数：14 201—15 400册　定价：**38.00**元（赠光盘）
ISBN 978-7-112-06942-2
（12896）

前　　言

市政工程施工技术资料是单位工程竣工备案的重要档案材料，全面反映了市政工程质量和验收情况，是反映工程状况的重要文件。技术资料是市政工程质量责任制的重要依据，也是对工程进行检查验收、管理、使用、维护、改建和扩建的重要依据。

市政施工技术资料表格是施工技术资料的重要组成部分，表格的填写要求规范、完整、真实反映市政工程的实际情况。本书根据建设部2002年9月28日以城建〔2002〕221号文颁发的《市政基础设施工程施工技术文件管理规定》及施工技术资料管理规程向读者展示了施工技术资料整理示范本，将市政工程中涉及到的主要资料表格一一填写了样本。读者在参阅本书后能了解施工技术资料的整体构成情况，并能按本书范例填写资料。本书内容力求准确全面、方便适用，是具有较强的实用性和可操作性的示范本。

本书由陈立器与王云江著，全书由沈麟祥主审。

限于水平，书中的错误与不足之处在所难免，敬请读者批评指正。

目 录

市政工程施工技术资料管理与编制范例

第1章

概　论

为了加强市政基础设施工程施工技术文件的规范化管理，使其真实反映工程实体质量和管理水平，根据《中华人民共和国建筑法》、《城市建设档案管理规定》和国家有关规范、标准，制定《市政基础设施工程施工技术文件管理规定》。市政基础设施工程技术文件，是指施工过程中，施工单位执行工程建设强制性标准和国家、地方有关规定而填写、收集、整理的文字记录、图纸、表格、音像材料等必须归案保存的文件。本规定适用于新建、改建、扩建的市政基础设施工程。

本章主要讲述市政基础设施工程技术文件的编制，其主要依据是《市政基础设施工程施工技术文件管理规定》。该规定是在原《市政工程施工技术资料管理规定》（建城〔1994〕469号）的基础上经过8年的实践，多方征求意见的基础上修改而成的。新规定与原规定相比，有多方面的改变。一是名称的改变，由原技术资料管理规定改成技术文件管理规定，进一步提高了它的法律地位。二是与原规定相比章节减少了而内容增加了，新规定共有5章31条1万3千多字，表格表式106种，其中市政工程用表24种，公用工程用表24种，通用表格58种。新规定强调了贯彻《建设工程质量管理条例》；贯彻执行工程建设强制性标准；强调了工程质量要从源头抓起；并突出了对地基基础结构的安全和使用功能的控制。

根据性质不同表格表式共分五类，它们的名称及表式分别如下：施管表6种，质评表3种，质检表10种，试验表55种，施记表32种。市政基础设施工程施工技术文件，只要发生的，均应按本规定的统一表格、表式填写。未规定统一表格、表式的，省级建设行政主管部门可根据需要作出规定进行必要的补充。

市政基础设施工程施工技术文件由施工单位负责编制。建设单位在组织工程竣工验收前，应提请当地的城建档案管理机构对施工技术文件进行预验收，验收不合格不得组织工程竣工验收。

第2章

市政工程施工技术文件管理

2.1 总　　则

2.1.1 编制市政工程技术资料的主要依据

除遵照国家相关的法律、法规和执行工程建设强制性标准符合《建设工程质量管理条例》外，具体相关标准有：市政基础设施工程施工技术文件管理规定（建城〔2002〕221 号）；市政道路工程质量检验评定标准（CJJ1—90）；市政桥梁工程质量检验评定标准（CJJ2—90）；市政排水管渠工程质量检验评定标准（CJJ3—90）；给水排水管道工程施工及验收规范（GB50268—97）；给水排水构筑物施工及验收规范（GBJ141—90）；城市供热管网工程施工及验收规范（CJJ28—89）；城市供热管网工程质量检验评定标准（CJJ38—90）；城镇燃气输配工程施工及验收规范（CJJ33—89）；市政工程质量等级评定规定　城建（1992）68 号文；市政工程质量等级评定补充规定；《建设工程文件归档整理规范》（GB/T—50328—2001）。

2.1.2 市政基础设施工程的范围及其特点

（1）市政基础设施工程的范围

作为市政资料员，他的大量工作内容就是按照文件规定的统一表格正确地填写有关内容。首先，什么是市政基础设施工程，这已经不是过去“路、桥、排水”的概念，而是指城市范围内道路、桥梁、广场、隧道、公共交通、排水、供水、供气、供热、污水处理、垃圾处理处置等工程。这是与建筑、交通等其他行业的分界线。凡是以上这些工程竣工技术资料均应按市政有关标准、规定来编制，否则工程竣工验收时可能连合格也达不到，而难以通过验收。

（2）市政基础设施工程的特点

市政工程不同于建筑工程，工程竣工以后，有相当一部分被隐蔽了，特别是管道工程，竣工后几乎全部被隐蔽。所以它的真实性、准确性就至关重要。关系到今后改建、扩建及维修、保养等问题。也关系到邻近其他工程建设时的安全问题。近几年来一些城市在工程建设中，挖坏电力电缆、通信电缆、排水管道、自来水管道、燃气管道的情况时有发生，除施工管理和操作上的问题外，其中一个很大的因素就是竣工技术资料不准确所致。除造成直接经济损失并影响进度外，如处理不慎还会引发灾难性的事故。正因为如此，所以在建城〔2002〕221 号文件中，要求市政基础设施工程施工技术文件应随施工进度及时整理，所需表格应按本文件中的要求认真填写、字迹清楚、项目齐全、记录准确、完整真实，并规定应由各岗位责任人签认的，必须由本人签字（不得盖图章或由他人代签），以分清责任，使责任落实到人。对于弄虚作假、玩忽职守而造成文件不符合真实情况的，由有关部门追究责任单位和个人的责任。

从结构上来讲，同样是砌体结构，建筑上的砌体一般只是承重，而市政上的砌体如检查井、排水沟渠的渠墙，除承受静荷载、动荷载（而且还是有一定车流量、一定速度、一定吨位的车荷载）外，还有防渗方面的要求。无论是桥梁、道路还是道路下的管道在车荷载的作用下都不断地产生振动，所以市政工程结构除满足承载力、刚度要求外还要求有一定的抗疲劳损伤能力。这些特点都会在资料上有所反映，如砌筑砂浆试块的取样频率建筑上是 100m^3 砌体取一组，而市政上是 50m^3 砌体取一组，埋地管道焊缝有一定比例的无损探伤要求，过路管和桥管还要求 100% 的探伤。道路的

混凝土强度试件，除抗压强度外还有抗折强度的要求。因此这些知识都是市政资料员应该具备的。

（3）市政资料的评分

市政工程验收时质量等级的合格标准必须是工程的外观项目、实测项目、质量保证资料这三项分别达到合格，即分别取得70分以上，且工程综合评分达70分以上。市政工程质量综合评分的计算方法如下：

道路工程、桥梁工程：

综合评分＝外观项目评分×0.3＋实测项目得分率×0.4＋质量保证资料评分×0.3

排水管渠工程、城市管网工程

综合评分＝外观项目评分×0.25＋实测项目得分率×0.35＋质量保证资料评分×0.4

由此可见一个工程合格与否，不仅与施工质量本身有关还与竣工资料的编制好坏有直接关系，资料评分在综合评分中占有一定的比例，在管网工程中还占较高比例。

资料评分办法详见《市政工程质量保证资料评分表》。

市政工程质量保证资料评分表

工程名称		主要工作量（万元）		施工单位		开竣工日期	

序号	检查内容	检查重点	检查情况	标准分	实得分
1	主体结构技术质量试验资料	1. 道路各层密度（压实度）试验；2. 回填土压实度；3. 混凝土强度；4. 预应力张拉；5. 桩基质量要求齐全（含动载试验，无破损试验）；6. 沥青混凝土含油量试验		22	
2	原材料试验，各种预制件质量资料，合格证明	1. 水泥、钢材、砂、石、砖、石灰、石灰土中的土、沥青等原材料试验资料；2. 计量设备校核资料；3. 各种预制件合格证书及试验资料；4. 主要外购件合格证		22	
3	工程总体质量综合试验资料	1. 污水管道闭水试验、污水厂水池满水试验；2. 道路弯沉试验；3. 桥梁静、动荷载试验等；4. 热力管道压力试验		12	
4	隐蔽工程验收单	凡下道工序覆盖部分的重要项目都需要隐检手续		12	
5	工程质量评定单	分项、分部、单位（群体）工程质量评定资料		12	
6	质量事故处理	报告、处理、结案及时，有市政质监站认可		－（0~6）	
7	施工组织设计，技术交底	有质量目标、措施落实情况；环保、文明施工、安全、节约及专项方案设计，审批完备，设计交底、施工交底齐备；配比通知单，施工记录		6	
8	洽商记录，竣工图	洽商、记要、变更齐全，有编号，手续完备。竣工图清晰完整，与实际相符		10	
9	测量复核记录	控制点、基准线、水准点，复核记录，有放必复		4	
10	合计			100	

一、扣分原则

1. 第一项主体结构资料，按质量检验评定标准要求的检验内容和频率，凡带“△”项目不合格，或漏检点数达到全部应检点的1%扣3分，直到扣完，此项得分率不足70%（15.4分）资料评分定为不合格

2. 第二项原材料试验及合格证，每缺一项或一项不合格视严重程度扣0.5~2分，合格证、质保单、试验报告，原件可以复印，必须红、蓝印章方为有效（图章复印无效）

3. 第3~9项依资料完整，内容充实，手续完备等情况酌情打分

二、凡发现质量保证资料有弄虚作假编造数据的情况，资料定为不合格

年　　月　　日　　检查人：

表中共有9项评分，每项中又有若干重点检查小项，除第6项不发生就不存在外，其余8项只要有的项目均要对照检查。完全符合的得满分，存在不足的，根据情况扣分。满分为100分，8项得分之和达70分以上才能评为合格。这里必须指出的是第1项，第1项的满分是22分，此项资料得分如达不到22×70%=15.4分，即此项得分不合格，哪怕其余7项得满分，整个资料仍评为不合格，工程也就不合格。这一点容易被一些资料员所忽视。

量测项目的得分：量测项目的得分=（同一检查项目中的合格点数÷同一检查项目中的应检点数）×100%。这里的关键问题是应检点（组）数。应检点数是按工程量，根据标准中的检测频率计算出来的，实际检测点数多于或少于应检点数都会降低得分率。例如：工序质量评定表之一中序号2的平整度，按检测频率是每20m检测1点，由于路长是240m，所以应检点数应是12点，如果少检测了两点，即编号11、12两点未检测，实际检测了10点，其中9点是合格的，但是它的合格率并不是90%，而应按式计算即平整度得分应为：（9/12）×100%=75%。反之如果多检测了3点，即检测了15点其中合格的点数为12，其合格率也不是（12/15）×100%=80%，而还是应按应检点数12点来计算，同时因为多检测了3点，合格点数中同样要扣掉3点，即应该是：（9/12）100%=75%。

检测工作在工地一般均由质量员或施工员完成，但作为资料员这些相关知识也是应该掌握的。因为部分质量员、施工员对检测频率不甚理解，往往人为地多检测一些点，以求提高得分率。这样在竣工验收资料核查时是难以通过的，造成资料工作大量返工，甚至还会造成资料不合格现象发生。按建城〔2002〕221号文规定，市政基础设施工程施工技术文件应随施工进度及时整理，如果资料员掌握了上述知识，在整理文件时这些问题就会及时发现及时得到纠正。

2.2 施工技术文件的内容与编制要求

2.2.1 施工技术文件的内容

（1）施工组织设计。

（2）施工图设计文件会审、技术交底。

（3）原材料、成品、半成品、构配件、设备出厂质量合格证书、出厂检（试）验报告及复试报告。

（4）施工检（试）验报告。

（5）施工记录。

（6）测量复核及预检记录。

（7）隐蔽工程检查验收记录。

（8）工程质量检验评定资料。

（9）功能性试验记录。

（10）质量事故报告及处理记录。

（11）设计变更通知单、洽商记录。

（12）竣工总结与竣工图。

（13）竣工验收报告与验收证书。

2.2.2 施工技术文件的编制要求

(1) 施工单位在施工之前，必须编制施工组织设计；大中型的工程应根据施工组织总设计编制分部位、分阶段的施工组织设计。施工组织设计必须全面、到位，必须经上一级技术负责人进行审批加盖公章，填写施工组织设计审批表；在施工过程中发生变更时，应有变更审批手续。

施工组织设计应包括下列主要内容：工程概况，施工平面布置图，施工部署和管理体系，质量目标设计，施工方法及技术措施，安全措施，文明施工措施，环保措施，节能、降耗措施，其他专项设计。

(2) 工程开工前，应由建设单位组织有关单位对施工图设计文件进行会审并按单位工程填写施工图设计文件会审记录。设计单位应按施工程序或需要进行设计交底。设计交底应包括设计依据、设计要点、补充说明、注意事项等，并做交底纪要。施工单位应在施工前进行施工技术交底（施工组织设计交底及工序施工交底），并做好各种交底记录，交接双方签字。

(3) 施工期间应编制的文件有

1) 进入施工现场的原材料、成品、半成品、构配件、设备等产品必须有出厂质量合格证书、检（试）验报告及复试报告，并应归入施工技术文件。

A. 一般规定

(A) 合格证书、检（试）验报告为复印件的必须加盖供货单位印章方为有效，并注明使用工程名称、规格、数量、进场日期、经办人签名及原件存放地点。

(B) 凡使用新技术、新工艺、新材料、新设备的，应有法定单位鉴定证明和生产许可证。产品要有质量标准、使用说明和工艺要求。使用前应按其质量标准进行检（试）验。

(C) 在使用前必须按现行国家有关标准的规定抽检、复试，复试结果合格方可使用。

(D) 对按国家规定只提供技术参数的测试报告，应由使用单位的技术负责人依据有关技术标准对技术参数进行判别并签字认可。

B. 水泥

(A) 水泥生产厂家的检（试）验报告应包括后补的28天强度报告。

(B) 水泥使用前复试的主要项目为：胶砂强度、凝结时间、安定性、细度等。

C. 钢材（钢筋、钢板、型钢）

(A) 钢材使用前应做力学性能试验；如不符合要求应对该批钢材进行化学成分检验或其他专项检验；如需焊接时，还应做可焊接性试验。

(B) 预应力混凝土所用的高强钢丝、钢绞线等张拉钢材，除按上述要求检验外，还应按有关规定进行外观检查。

D. 沥青

沥青复试的主要项目为：延度、针入度、软化点、老化、粘附性等。

E. 涂料

防火涂料应具有经消防主管部门的认定证明材料。

F. 焊接材料

应有焊接材料与母材的可焊性试验报告。

G. 砌块（砖、料石、预制块等）

用于承重结构时，使用前复试项目为：抗压、抗折强度。

H. 砂、石

试验项目有：筛分析、表观密度、堆积密度和紧密密度、含泥量、泥块含量、针状和片状颗粒的总含量等。结构或设计有特殊要求时，还应按要求加做压碎指标值等相应项目试验。

I. 混凝土外加剂、掺合料

混凝土外加剂、掺合料使用前，应进行现场复试并出具试验报告和掺量配合比试配单。

J. 防水材料及粘接材料

防水卷材、涂料，填缝、密封、粘结材料，沥青玛瑞脂、环氧树脂等应进行抽样试验。

K. 防腐、保温材料

出厂质量合格证书应标明该产品质量指标、使用性能。

L. 石灰

石灰在使用前应按批次取样，检测石灰的氧化钙和氧化镁含量。

M. 水泥、石灰、粉煤灰混合料

连续供料时，生产单位出具合格证书的有效期最长不得超过 7 天。

N. 沥青混合料

连续生产时，每 2000t 提供一次产品质量合格证书。

O. 商品混凝土

生产单位应按同配比、同批次、同强度等级提供出厂质量合格证书。总含碱量有要求的地区，应提供混凝土碱含量报告。

P. 管材、管件、设备、配件

混凝土管、金属管生产厂家应提供有关的强度、严密性、无损探伤的检测报告。

Q. 预应力混凝土张拉材料

应有预应力锚具、连接器、夹片、金属波纹管等材料的出厂检（试）验报告及复试报告。锚具生产厂家及施工单位应提供锚具组装件的静载锚固性能试验报告。

R. 混凝土预制构件

钢筋混凝土及预应力钢筋混凝土梁、板、墩、柱、挡墙板等预制构件生产厂家，应提供质量保证资料。如：钢筋原材料复试报告、焊（连）接检验报告；达到设计强度值的混凝土强度报告（含 28 天标养及同条件养护的）；预应力材料及设备的检验、标定和张拉资料等。

S. 钢结构构件

主体结构构件生产厂家应提供质量保证资料。如：钢材的复试报告、可焊性试验报告；焊接（缝）质量检验报告；连接件的检验报告；机械连接记录等。

T. 各种地下管线的各类井室的井圈、井盖、踏步等，应有质量合格证书。

U. 支座、变形装置、止水带等产品应有出厂质量合格证书和设计有要求的复试报告。

2）施工检（试）验报告

A. 凡有见证取样及送检要求的，应有见证记录、有见证试验汇总表。

B. 压实度（密度）、强度试验资料。

（A）填土、路床压实度（密度）资料

有按土质种类做的最大干密度与最佳含水量试验报告；有按质量标准分层、分段取样的填土压实度试验记录。

（B）道路基层压实度和强度试验资料

A）石灰类、水泥类、二灰类等无机混合料基层的标准击实试验报告。

B）有按质量标准分层分段取样的压实度试验记录。

C）道路基层强度试验报告。

a. 石灰类、水泥类、二灰类等无机混合料应有石灰、水泥实际剂量的检测报告。

b. 石灰、水泥等无机稳定土类道路基层应有 7 天龄期的无侧限抗压强度试验报告。

（C）道路面层压实度资料

A）沥青混合料厂提供的标准密度。

B）按质量标准分层取样的实测干密度。

C）路面弯沉试验报告。

C. 水泥混凝土抗压、抗折强度，抗渗、抗冻性能试验资料。

（A）应有试配申请单和配合比通知单。

（B）有按规范规定组数的试块强度试验资料和汇总表。

A）标准养护试块 28 天抗压强度试验报告。

B）水泥混凝土桥面和路面应有 28 天标养的抗压、抗折强度试验报告。

C）结构混凝土应有同条件养护试块抗压强度试验报告作为拆模、卸支架、预应力张拉、构件吊运、施加临时荷载等的依据。

（C）设计有抗渗、抗冻性能要求的混凝土，除应有抗压强度试验报告外，还应有按规范规定组数标准养护的抗渗、抗冻试验报告。

（D）商品混凝土应有以现场制作的标准养护 28 天的试块抗压、抗折、抗渗、抗冻指标作为评定的依据。

D. 砂浆试块强度试验资料。

（A）有砂浆试配申请单、配比通知单和强度试验报告。

（B）预应力孔道压浆每一工作班留取不少于三组的 7.07cm × 7.07cm × 7.07cm 试件，其中一组作为标准养护 28 天的强度资料，其余二组做移运和吊装时强度参考值资料。

（C）使用沥青玛瑀脂、环氧树脂砂浆等粘接材料，应有配合比通知单和试验报告。

E. 钢筋焊、连接检（试）验资料。

（A）钢筋连接接头采用焊接方式或采用锥螺纹、套管等机械连接接头方式的，均应按有关规定进行现场条件下连接性能试验，留取试验报告。报告必须对抗弯、抗拉试验结果有明确结论。

（B）试验所用的焊（连）接试件，应从外观检查合格的成品中切取，数量要满足现行国家规范规定。

F. 钢结构、钢管道、金属容器等及其他设备焊接检（试）验资料应按国家相关规范执行。

G. 桩基础应按有关规定，做检（试）验并出具报告。

H. 检（试）验报告应由具有相应资质的检测、试验机构出具。

3）施工记录

A. 地基与基槽验收记录

（A）地基与基槽验收时应按以下要求进行：

A）核对其位置、平面尺寸、基底标高等内容，是否符合设计规定。

B）核对基底的土质和地下水情况，是否与勘察报告相一致。

C）对于深基础，还应检查基坑对附近建筑物、道路、管线等是否存在不利影响。

（B）地基需处理时，应由设计、勘察部门提出处理意见，并绘制处理的部位、尺寸、标高等示意图。处理后，应按有关规范和设计的要求，重新组织验收。

一般基槽验收记录可用隐蔽工程验收记录代替。

B. 桩基施工记录

（A）桩基施工记录应附有桩位平面示意图。

（B）打桩记录。

A）有试桩要求的应有试桩或试验记录。

B）打桩记录应计入桩的锤击数、贯入度、打桩过程中出现的异常情况等。

（C）钻孔（挖孔）灌注桩记录。

A）钻孔桩（挖孔桩）钻进记录。

B）成孔质量检查记录。

C）桩混凝土灌注记录。

C. 构件、设备安装与调试记录

（A）钢筋混凝土大型预制构件、钢结构等吊装记录。内容包括：构件类别、编号、型号、位置、连接方法、实际安装偏差等，并附简图。

（B）厂（场）、站工程大型设备安装调试记录。内容包括：

A）设备安装设计文件。

B）设备安装记录：设备名称、编号、型号、安装位置、简图、连接方法、允许安装偏差和实际偏差等。特种设备的安装记录还应符合有关部门及行业规范的规定。

C）设备调试记录。

D. 施加预应力记录

（A）预应力张拉设计数据和理论张拉伸长值计算资料。

（B）预应力张拉原始记录。

（C）预应力张拉设备——油泵、千斤顶、压力表等应有由法定计量检测单位进行校验的报告和张拉设备配套标定的报告并绘有相应的 $P-T$ 曲线。

（D）预应力孔道灌浆记录。

（E）预留孔道实际摩阻值的测定报告书。

（F）孔位示意图，其孔（束）号、构件编号与张拉原始记录一致。

E. 沉井下沉时，应填写沉井下沉观测记录。

F. 混凝土浇筑记录。

凡现场浇筑 C20（含）强度等级以上的结构混凝土，均应填写混凝土浇筑记录。

G. 管道、箱涵顶推进记录。

H. 构筑物沉降观测记录（设计有要求的要做沉降观测记录）。

I. 施工测温记录。

J. 其他有特殊要求的工程，如厂（场）、站工程的水工构筑物，防水、钢结构及管道工程的保温等工程项目，应按有关规定及设计要求，提供相应的施工记录。

4）测量复核及预检记录

A. 测量复核记录

（A）施工前建设单位应组织有关单位向施工单位进行现场交桩。施工单位应根据交桩记录进行测量复核并留有记录。

（B）施工设置的临时水准点、轴线桩及构筑物施工的定位桩、高程桩的测量复核记录。

（C）部位、工序的测量复核记录。

（D）应在复核记录中绘制施工测量示意图，标注测量与复核的数据及结论。

B. 预检记录

（A）主要结构的模板预检记录，包括几何尺寸、轴线、标高、预埋件和预留孔位置、模板支架牢固性、强度、刚度、稳定性和模内清理、清理口留置、脱模剂涂刷等检查情况。

（B）大型构件和设备安装前的预检记录应有预埋件、预留孔位置、高程、规格等检查情况。

（C）设备安装的位置检查情况。

(D) 非隐蔽管道工程的安装检查情况。

(E) 补偿器预拉情况、补偿器的安装情况。

(F) 支（吊）架的位置、各部位的连接方式等检查情况。

(G) 油漆工程。

5）隐蔽工程检查验收记录

凡被下道工序、部位所隐蔽的，在隐蔽前必须进行质量检查，并填写隐蔽工程检查验收记录。检查的内容应具体，结论应明确。验收手续应及时办理，不得后补。需复验的要办理复验手续。

(4) 工序、部位及单位工程完成后应分别填质量检验评定表。

1）工序施工完毕后，应按照质量检验评定标准进行质量检验与评定，及时填写工序质量评定表。

2）部位工程完成后应汇总该部位所有工序质量评定结果。进行部位工程质量等级评定。

3）单位工程完成后，进行单位工程质量评定，填写单位工程质量评定表。由工程项目负责人和项目技术负责人签字，加盖公章作为竣工验收的依据之一。

(5) 工程在交付使用之前应填写功能性试验记录。

1）一般规定

功能性试验是对市政基础设施工程在交付使用之前所进行的使用功能的检查。功能性试验按有关标准进行，并有有关单位参加，填写试验记录，由参加各方签字，手续完备。

2）市政基础设施工程功能性试验主要项目如下：

A. 道路工程的弯沉试验。

B. 无压力管道严密性试验。

C. 桥梁工程设计有要求的动、静荷载试验。

D. 水池满水试验。

E. 消化池气密性试验。

F. 压力管道的强度试验、严密性试验和通球试验等。

(6) 质量事故报告及处理记录

发生质量事故，施工单位应立即填写工程质量事故报告，质量事故处理完毕后须填写质量事故处理记录。

(7) 设计变更通知单、洽商记录

设计变更通知单、洽商记录是施工图的补充和修改，应在施工前办理。

1）设计变更通知单，必须由原设计人和设计单位负责人签字并加盖设计单位印章方为有效。

2）洽商记录必须有参建各方共同签认方为有效。

3）设计变更通知单、洽商记录应原件存档。如用复印件存档时，应注明原件存放处。

4）分包工程的设计变更、洽商，由工程总包单位统一办理。

(8) 竣工总结与竣工图

1）竣工总结主要包括下列内容：

A. 工程概况；

B. 竣工的主要工程数量和质量情况；

C. 使用了何种新技术、新工艺、新材料、新设备；

D. 施工过程中遇到的问题及处理方法；

E. 工程中发生的主要变更和洽商；

F. 遗留的问题及建议等。

2）竣工图

工程竣工后应及时进行竣工图的整理。绘制竣工图须遵照以下原则

A. 凡在施工中，按图施工没有变更的，在新的原施工图上加盖“竣工图”的标志后，可作为竣工图。

B. 无大变更的，应将修改内容按实际发生的描绘在原施工图上，并注明变更或洽商编号，加盖“竣工图”标志后作为竣工图。

C. 凡结构形式改变、工艺改变、平面布置改变、项目改变以及其他重大改变；或虽非重大变更，但难以在原施工图上表示清楚的，应重新绘制竣工图。

改绘竣工图，必须使用不褪色的黑色绘图墨水。

(9) 竣工验收报告与验收证书

1) 工程竣工报告是由施工单位对已完工程进行检查，确认工程质量符合有关法律、法规和工程建设强制性标准，符合设计及合同要求而提出的工程告竣文书。该报告应经项目经理和施工单位有关负责人审核签字加盖公章。

实行监理的工程，工程竣工报告必须经总监理工程师签署意见。

2) 工程竣工验收证书。

2.3 施工技术文件管理与组卷方法

2.3.1 施工技术文件管理方法

(1) 市政基础设施工程施工技术文件由施工单位负责编制，建设单位、施工单位负责保存。

(2) 建设单位应按《建设工程文件归档整理规范》(GB/T50328—2001) 的要求，于工程竣工验收后三个月内报送当地城建档案管理机构归档。

(3) 实行总承包的工程项目，由总承包单位负责汇集、整理各分包单位编制的有关施工技术文件。

(4) 施工技术文件应随施工进度及时整理，所需表格应按本规定中的要求认真填写、字迹清楚、项目齐全、记录准确、完整真实。

(5) 施工技术文件应严格按有关规定签字、盖章。

(6) 施工合同中应对施工技术文件的编制要求和移交期限做出明确规定。施工技术文件应由建设单位按有关规定签署意见或有监理单位按规定对认证项目的认证记录。

(7) 竣工验收前建设单位应提请当地的城建档案管理机构对施工技术文件进行预验收，验收不合格不得组织工程竣工验收。城建档案管理机构在收到施工技术文件七个工作日内提出验收意见，七个工作日内不提出验收意见，视为同意。

(8) 施工技术文件不得任意涂改、伪造、抽撤损毁或丢失，对于弄虚作假、玩忽职守而造成文件不符合真实情况的，由有关部门追究责任单位和个人的责任。

2.3.2 施工技术文件的组卷方法

(1) 施工技术文件要按单位工程进行组卷，分册装订。

(2) 卷内文件排列顺序一般为封面、目录、文件材料和备考表。

1) 卷内文件排列顺序一般为封面、目录、文件材料和备考表。

2）文件材料部分宜按以下顺序编排：

A. 施工组织设计；

B. 施工图设计文件会审、技术交底记录；

C. 设计变更通知单、洽商记录；

D. 原材料、成品、半成品、构配件、设备出厂质量合格证书、出厂检（试）验报告和复试报告；

E. 施工试验资料；

F. 施工记录；

G. 测量复核及预检记录；

H. 隐蔽工程检查验收记录；

I. 工程质量检验评定资料；

J. 使用功能试验记录；

K. 事故报告；

L. 竣工测量资料；

M. 竣工图；

N. 工程竣工验收文件。

第3章

施工技术文件主要表格的内容与填写

3.1 施管表填写

施工技术文件要按单位工程进行组卷。市政工程中的独立核算项目，应是一个单位工程。采用分期单独核算的同一市政工程，应是若干个单位工程。

3.1.1 施管表1的填写

文件材料部分的排列宜按以下顺序：

(1) 施工组织设计。

(2) 施工图设计文件会审、技术交底记录。

(3) 设计变更通知单、洽商记录。

(4) 原材料、成品、半成品、构配件、设备出厂质量合格证书、出厂检（试）验报告和复试报告（需一一对应）。

(5) 施工试验资料。

(6) 施工记录。

(7) 测量复核及预检记录。

(8) 隐蔽工程检查验收记录。

(9) 工程质量检验评定资料。

(10) 使用功能试验记录。

(11) 事故报告。

(12) 竣工测量资料。

(13) 竣工图。

(14) 工程竣工验收文件。

文件目录表中的文件编号横杠前的数字为总的卷数，横杠后的数字为本卷项目编号。页号应是本项目在卷中的页码位置，不能光写本项目的页数。类别栏应与该项表头右上方类别相同。现以道路工程为例示范见后。

3.1.2 施管表2的填写

存在问题及处理意见栏中填验收检查时发现的问题，一般无什么大问题也可不填。但如工程出过事故，事故处理情况应作简要说明。验收范围及数量栏应扼要填写。本表主要强调各参与单位均应签字盖章。填法示范见后。

3.1.3 施管表3的填写

施工组织设计应包括下列主要内容：

(1) 工程概况：工程规模、工程特点、工期要求、参建单位等。

(2) 施工平面布置图。

(3) 施工部署和管理体系：施工阶段、区划安排；进度计划及工、料、机、运计划表和组织机构设置。组织机构中应明确项目经理、技术责任人、施工管理负责人及其他各部门主要责任人等。

（4）质量目标设计：质量总目标、分项质量目标，实现质量目标的主要措施、办法及工序、部位、单位工程技术人员名单。

（5）施工方法及技术措施（包括冬、雨期施工措施及采用的新技术、新工艺、新材料、新设备等）。

（6）安全措施。

（7）文明施工措施。

（8）环保措施。

（9）节能、降耗措施。

（10）模板及支架、地下沟槽基坑支护、降水、施工便桥便线、构筑物顶推进、沉井、软基处理、预应力筋张拉工艺、大型构件吊运、混凝土浇筑、设备安装、管道吹洗等专项设计。

这张表为施工单位内部审批表，先由施工单位内部各部门看过以后签署意见，再由上一级技术负责人审批提出结论性意见。并签字和加盖单位公章方为有效。在施工过程中施工组织设计发生变更时，应有变更审批手续。该表的填写示范见后。

3.1.4 施管表 4 的填写

表中内容按栏目扼要填写，参加会议的人员全部要签字。栏目中不够填时需另出会审纪要。如涉及变更还要另补设计变更或工程洽商记录。具体填法示范见后。

3.1.5 施管表 5 的填写

此表是上对下的，主要有施工组织设计交底及各工序交底。交底人与接收人均应签字。现以桥梁工程的工序交底为例，示范见后。

3.1.6 施管表 6 的填写

除设计院出的设计变更外，凡工程施工中有所变动均填写此表而不再使用联系单等形式。此表要求，必须参予各方均同意方能成立，因此各单位必须签字。

3.2 质 评 表

3.2.1 质评表 3 的填写

这是工程施工中填得最多的表之一，但仍有不少施工单位填得不对，或填得不够规范。主要工程数量应填写清楚，因为应检点数是按工程量根据标准中规定的频率得出来的。如果检测频率是面积工程量应能反映出面积的数量。外观检查项目按评定标准中相关内容填写。量测项目填写应按标准中的项目名称填，应规范用词。量测项目按标准是与规定值作比较的，在实测栏中应填实测值。而不少施工单位仍填实测偏差值，这是不对的。只有当量测项目在标准中是规定允许偏差值的，在实测栏中才应填实测偏差值。签字各栏均应有相关方签字，交方与接方是同一班组也应签字。

工序施工完毕后，应及时填写工序质量评定表。表中内容应填写齐全，签字手续完备规范。

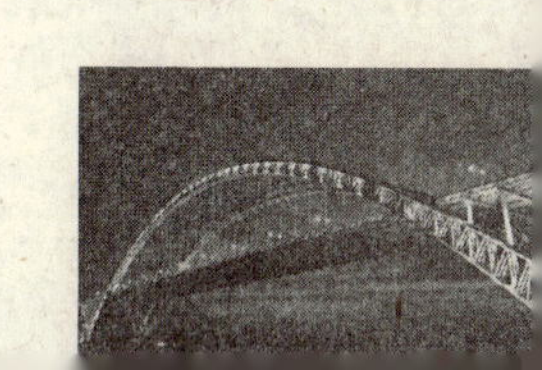

3.2.2　质评表 2、质评表 1 的填写

市政工程由工序组成部位，部位组成单位工程。其质量的检验及评定一般按工序、部位、单位工程三级进行。但市政工程中除桥梁外，道路工程与排水工程有时不划分部位，所以道路工程与排水工程也可以按工序、单位工程两级进行。也可以按长度将一个单位工程人为地划分成若干个部位。排水工程也有将污水管作为一个部位，雨水管作另一个部位的。具体如何划分应根据工程实际情况来定。

单位工程完成后，由工程项目负责人主持，进行单位工程质量评定，填写质评表 1。由工程项目负责人和项目技术负责人签字，加盖公章作为竣工验收的依据之一。

3.3　质　检　表

3.3.1　质检表 1 的填写

质检表 1 是一张查验合格证、出厂检试验报告的汇总表，要求必须有产品名称、规格、数量。检查量与产品数量（这里是指单据上的数量而不是实际用量）要相对应，主要检测项目应齐全，一般均应有明确结论。合格证书、检（试）验报告一般应为原件，如为复印件的必须加盖供货单位印章方为有效，并注明使用工程名称、规格、数量、进场日期、经办人签名及原件存放地点。

除一般常用的材料外，市政工程常用的三渣及沥青混合料有如下规定：

水泥、石灰、粉煤灰混合料，生产单位应按规定，提供产品出厂质量合格证书。连续供料时，生产单位出具合格证书的有效期最长不得超过 7 天。

沥青混合料生产单位应按同类型、同配比、每批次至少向施工单位提供一份产品质量合格证书。连续生产时，每 2000t 提供一次。

凡使用新技术、新工艺、新材料、新设备的，应有法定单位鉴定证明和生产许可证。产品要有质量标准、使用说明和工艺要求。使用前应按其质量标准进行检（试）验。

3.3.2　质检表 2 的填写

质检表 2 是一张开箱检查记录，应按栏目内容填写。填表示例见后。

3.3.3　质检表 3 的填写

下列内容应填写预检记录：

（1）主要结构的模板预检记录，包括几何尺寸、轴线、标高、预埋件和预留孔位置、模板牢固性和模内清理、清理口留置、脱模剂涂刷等检查情况。

（2）大型构件和设备安装前的预检记录应有预埋件、预留孔位置、高程、规格等检查情况。

（3）设备安装的位置检查情况。

（4）非隐蔽管道工程的安装检查情况。

（5）补偿器预拉情况、补偿器的安装情况。

（6）支（吊）架的位置、各部位的连接方式等检查情况。

（7）油漆工程。

3.3.4 质检表 4 的填写

凡被下道工序、部位所隐蔽的，在隐蔽前必须进行质量检查，并填写隐蔽工程检查验收记录。隐蔽检查的内容应具体，结论应明确。验收手续应及时办理，不得后补。需复验的要办理复验手续。

隐检内容及检查情况、验收意见，一般应按监理单位或其他第三方检查意见填写。处理情况及结论栏，预检中提出过处理意见的，必须填写处理情况和处理后的结论。并且要填写处理后的复查时间。

3.3.5 质检表 6 的填写

焊工代号应填写该焊工上岗证的证件编号。内部质量等级栏，应填写检测中测出的最低的那一级。焊缝抽检的数量应按设计或相应规范、标准，如设计无明确要求一般可按 30%抽取。

3.3.6 质检表 7 的填写

管道防腐层，厚度及粘结力按 20 根管道为一组抽检。每组抽检一根管道，每根管道抽检 3 个断面，每个断面抽检 4 点，取其中的最小值。不合格就扩大一倍数量再抽检。再抽检合格即可通过，再抽检如仍不合格，则该批 20 根管全部不合格，均需返工。外观及电绝缘性，应全数检查。目前常用的几种防腐检查记录示范如后。

3.3.7 质检表 10 的填写

此表是土木建筑类施工单位在完成基础、管（线）沟及预埋件、预留孔等工程后，交付给安装施工单位进行设备安装前进行的中间检查所填写的交接记录。验收意见应按接方的意见填写。

3.4 试验表

3.4.1 试验表 1 的填写

试验表 1 是一张复试报告的汇总表。进入施工现场的原材料、成品、半成品、构配件，在使用前必须按现行国家有关标准的规定抽取试样，交由具有相应资质的检测、试验机构进行复试，复试结果合格方可使用。这里作为资料员应该了解取样的有关规定，特别是主要材料。如：

水泥：是按每一编号为一取样单位，而编号又与水泥厂的年产量有关，小厂取低值，大厂取高值。年产量 10 万 t 以下的小厂，200t 一个编号，即每 200t 取一试样，而年产量 60 万 t 的厂是 1000t 一个编号。即 1000t 取一试样。试样必须在 20 个以上的不同步位等量采集，混合均匀，重量不小于 12kg。水泥使用前复试的主要项目为：胶砂强度、凝结时间、安定性、细度等。试验报告应有明确结论。

钢筋：按同一牌号、同一炉罐号、同一规格的钢筋，每批取一组试样。每批对热轧钢筋不超过 60t，对冷拉钢筋不超过 20t。一般一组试件包括 2 个拉伸试验，2 个弯曲试验。盘条可做 1 个拉伸

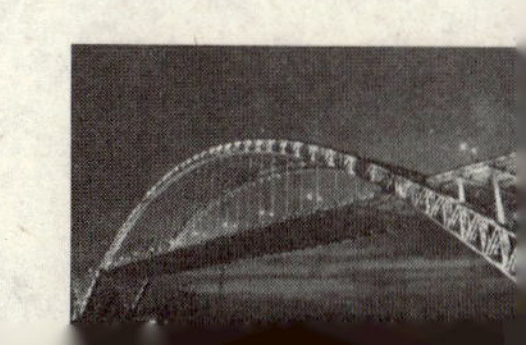

试验，2个弯曲试验。

钢筋焊接件：闪光对焊300个接头作为一批，取6个试件，3个作拉伸，3个作弯曲。电弧焊300个接头作为一批，取3个接头作为拉伸试验。

烧结普通砖：每3.5~10万块，且不超过一条生产线的日产量取一组样，共抽取15块，10块进行抗压强度试验，5块备用。

砂、石料：工程所使用的砂、石应按规定批量（火车、货船、汽车运输的，以400m³或600t为一验收批）取样进行试验。试验项目一般有，筛分析、表观密度、堆积密度和紧密密度、含泥量、泥块含量、针状和片状颗粒的总含量等。结构或设计有特殊要求时，还应按要求加做压碎指标值等相应项目试验。

沥青：沥青使用前复试的主要项目为：延度、针入度、软化点、老化、粘附性等（视不同道路等级而定）。

3.4.2 试验表2、试验表3的填写

凡有见证取样及送检要求的，应有见证记录、有见证试验汇总表。下列试块、试件和材料必须实施见证取样和送检：

(1) 用于承重结构的混凝土试块；

(2) 用于承重结构的砌筑砂浆试块；

(3) 用于承重结构的钢筋及连接接头试件；

(4) 用于承重结构的砖和混凝土中型砌块；

(5) 用于拌制混凝土和砌筑砂浆的水泥；

(6) 用于承重结构的混凝土中使用的掺加剂；

(7) 地下、屋面、厕所间使用的防水材料；

(8) 国家规定必须实行见证取样和送检的其他试块、试件和材料。

见证取样及送检的比例不得低于规定应取样数量的30%。二材（水泥、钢材）二块（混凝土试块、砂浆试块）有的城市要求要100%的见证。

3.4.3 试验表4~试验表15

这些试验一般都由相应的检测、试验单位完成并填表，但作为资料员应了解哪些是必须做的项目，哪些应做平行试验。如试验单位没按规定做，而资料员又不清楚，仍照样编进竣工资料，到竣工资料核查时还是要扣施工单位的分。在委托试验单位作试验时应由具有相应资质的检测、试验机构进行。

3.4.4 试验表16~试验表33

这类试验虽然也是由试验单位完成，但与施工单位更密切。应引起重视。且有些工作是由施工单位完成的，相关知识应掌握。

混凝土试件的留置应在浇筑地点随机抽取，取样频率应符合下列规定：

1）每100盘，且不超过100m³的同配合比的混凝土，取样次数不应少于一次；

2）每一工作班拌制的同配合比的混凝土不足100盘时，其取样次数不得少于一次。

这一规定过去有部分施工单位，只注意到100m³的规定，而忽视了100盘的规定，使试件的组数不够，影响竣工时的质量评定，影响验收。此外在试件制作及养护上也不规范，使试件的强度出现很大的偏差。

结构混凝土、冬期施工混凝土按规定均应有同条件养护试块。这类试块可以说大多数施工单位均未做到“同条件”。同条件是指外界环境条件，养护条件均相同。如做不到同条件，在拆模、卸支架、预应力张拉、构件吊运、沉井下沉等就容易出问题。

混凝土强度应分批进行检验评定，一个验收批的混凝土应由强度等级相同、龄期相同以及生产工艺条件和配合比基本相同的混凝土组成。试验单位只提供每组试件的强度值，是否合格要施工单位按试验报告的强度值，分批按公式进行计算来评定。计算及各类评定方法作为质量员是应该掌握的。

本书对抗折强度的检验评定作了补充。

商品混凝土应有以现场制作的标养28天的试块抗压、抗折、抗渗、抗冻指标作为评定的依据。

砂浆试件与混凝土相类似，请参阅相关表格的范例。

关于压实度，应注意掌握相关的标准和检测频率。这类项目过去在竣工资料核查时，有不少单位取样频率均达不到要求。

3.4.5 功能性试验

（1）回弹弯沉试验（试验表34）

路面弯沉是汽车车辆荷载作用下路表面产生的垂直变形值。它不仅能反映路面的强度，同时也能在某种程度上反映道路整体结构的耐久性。采用贝克曼梁测定回弹弯沉。回弹弯沉用BZZ—100标准车，（后轴标准轴载（100±1）kN，轮胎充气压力（0.70±0.05）MPa，单轮传压面当量圆直径（21.3±0.5cm）进行检测，沥青路面的弯沉以路表温度20℃为准，在其他温度时，对厚度大于5cm的沥青路面，弯沉值应予温度修正。在车辆荷载作用下路面产生变形，当车辆荷载卸除后，路面弯沉值就会减小，减小值即为回弹弯沉。由于测定时贝克曼梁前后臂之比为2:1，因此测定结果百分表读数之差要乘以2。

（2）无压力管道严密性试验（试验表35）

即过去的闭水试验，在方法上略有改变，试验的水位为试验段上游管内顶以上2m，所不同的是试验过程中要保持这一水位不变，为此在试验过程中要向井内不断补水来保持这一水位，直至试验结束为止。试验要平行做三次。试验的总时间不小于30min，允许渗水量标准以GB50268—97及CECS122：2001中的规定为准。

（3）水池满水试验（试验表36）

这一试验的特点是：24h水位下降的计量要用水位测针，精度要准确到0.1mm，并要扣除蒸发及水温差对水位变化产生的影响。

（4）供水管道水压试验（试验表38）

试验方法有注水法与放水法两种，可任选其中之一。用放水法做试验时，放水的流量大小要适当，不能太大也不能小到像一根水线一样。记录应齐全。

（5）供热管道水压试验及热运行（试验表39－40）

先升压至工作压力的1.5倍，稳压10min管道无破坏、无变形、无渗漏，强度试验合格。

然后将压力降至工作压力，稳压30min用1kg重的小锤在焊缝周围轻击，并对焊缝逐个检查，未见渗漏，且压力降未超过允许压力降。严密性试验合格。

水泵试运转（2h）合格后，供热管网开始热运行，先缓慢升温，低温热运行正常后再缓慢升温到设计参数运行。达到设计参数后开始计算热运行时间。运行期间，检查管网各处及其部件和设备工作状态，如都正常，运行合格。

（6）燃气管道强度试验及严密性试验（试验表41－46）

强度试验，试验时先缓慢将压力升至试验压力的 1/3，稳压 15min，再将压力升至试验压力的 2/3，再稳压 15min，然后将压力升至试验压力，稳压 1h。1h 内无降压。刷漏检查无渗漏为合格。

严密性试验，要准确测定试验时的大气压及地温（代表管内气体温度），正确套用允许压力降和实际压力降的公式，并按气体方程准确计算。本书在表中补充了大气压检测栏目。试验结果经计算实际压力降小于允许压力降为合格。

通球试验，通球时选用与管道内径一致的橡胶球，观察发球装置处压力的变化，当发球处压力表指针时上时下时，说明球在管道内向前推进，当接球、发球两处压力平衡时说明球已到接球装置处，球已顶过整段管道。通球试验共需进行二次，试验管段的长度不超过 3km，管内无杂质，试验合格。

3.5 施 记 表

施记表是施工过程中的记录，由施工单位完成。这些表格要求尽可能完整地填写，不要随意省缺。要求做的相关工作均要按要求完成。如测量复核，是要求施测人除外的另一人进行复测，复测成果与原施测成果对照，两者之差在允许偏差范围内，由复测人在记录表上签字，而不是不进行复测只是在复测人栏上添个名字。又如预应力张拉，要求张拉设备—油泵、千斤顶、压力表等应有由法定计量检测单位进行校验的报告和张拉设备配套标定的报告并绘有相应的 $P-T$ 曲线。如未按此要求做，张拉成果将不予认可。此类主要表格的编制均有范例，请仔细阅读。

第4章

施工技术文件主要表格填写范例

（详见以下各表）

单位工程技术文件目录

施管表 1

单位工程名称：××市××道路工程

共 7 页

第 1 页

序号	文件编号	类　别	项　　目	页号	附　　录
1	1－1	施管表	××道路工程施工组织设计审批表	1	
2	1－2	施管表	××道路工程施工组织设计	2～43	
3	1－3	施管表	××道路工程设计文件会审记录	44～46	
4	1－4	施管表	施工技术交底记录	47～67	
5	1－5	施管表	设计变更通知单及工程洽商记录	68～85	
6	1－6	质检表	材料、构配件检查记录	86～88	
7	1－7	质检表	钢材合格证及检查记录	89～144	
8	1－8	质检表	钢筋接头试验报告	145～154	
9	1－9	质检表	水泥合格证及检查记录	155～176	
10	1－10	质检表	砂、石料检查及复试报告	177～182	
11	1－11	质检表	砖试验报告	183～190	
12	1－12	质检表	石灰、粉煤灰混合料合格证及强度试验记录	191～200	
13	1－13	质检表	沥青混合料合格证及试验记录	201～209	
14	1－14	试验表	商品混凝土合格证及检验报告	210～219	
15	1－15	试验表	平石、侧石、人行道板、路面砖、井盖及盖座合格证及检验报告	220～231	

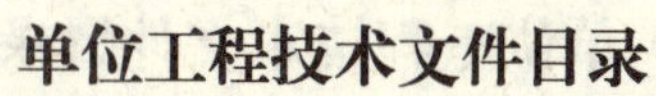

单位工程技术文件目录

施管表 1

单位工程名称：××市××道路工程

共 7 页

第 2 页

序号	文件编号	类 别	项 目	页号	附 录
1	2－1	试验表	混凝土配比申请单、通知单、强度试验报告、汇总表及评定记录	1～156	
2	2－2	试验表	砂浆配比申请单、通知单、强度试验报告、汇总表及评定记录	157～168	
3	2－3	试验表	回弹弯沉记录	169～286	
4	2－4	试验表	有见证试验汇总表及见证记录	287～402	

单位工程技术文件目录

施管表 1

单位工程名称：××市××道路工程

共 7 页

第 3 页

序号	文件编号	类 别	项 目	页号	附 录
1	3–1	试验表	路基、路床压实度试验报告	1～98	
2	3–2	试验表	道路基层压实度试验报告及强度试验记录	99～130	
3	3–3	施记表	地基与基槽验收记录	131～133	
4	3–4	施记表	混凝土浇筑及测温记录	134～197	
5	3–5	施记表	测量复核记录	198～222	

单位工程技术文件目录

施管表 1

单位工程名称：××市××道路工程

共 7 页

第 4 页

序号	文件编号	类　别	项　　目	页号	附　　录
	4－1	施记表	预检记录	1～82	
	4－2	施记表	隐蔽工程检查验收记录	83～218	

单位工程技术文件目录

施管表 1

单位工程名称：××市××道路工程

共 7 页

第 5 页

序号	文件编号	类　别	项　　目	页号	附　　录
	5－1	质评表	工程质量检验评定资料	1～183	
	5－2	质评表	竣工测量资料	184～195	

单位工程技术文件目录

施管表 1

单位工程名称：××市××道路工程

共 7 页

第 6 页

序号	文件编号	类别	项目	页号	附录
1	6－1		竣工图	1～56	

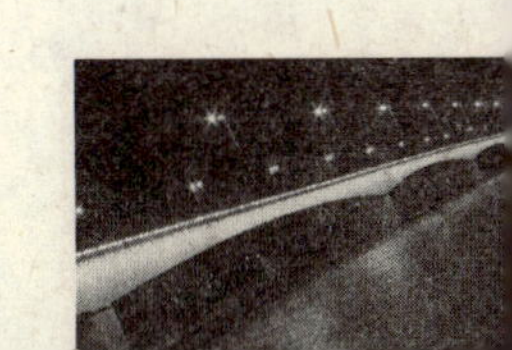

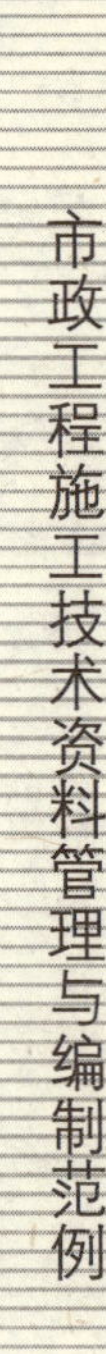

单位工程技术文件目录

施管表1

单位工程名称：××市××道路工程

共7页

第7页

序号	文件编号	类别	项目	页号	附录
	7-1		工程竣工验收文件	1~32	
				–	

竣工验收证书

施管表2

<table>
<tr><td>工程名称</td><td>××市××路××桥</td><td>开工日期</td><td>××年×月×日</td><td colspan="4" rowspan="2">对工程的质量评价
工程已按施工合同要求完成，经验收检查，外观项目，量测项目及资料核查均符合有关标准的规定，全部达到合格，同意验收</td></tr>
<tr><td>施工单位</td><td>××市政工程有限公司</td><td>竣工日期</td><td>××年×月×日</td></tr>
<tr><td>合同造价
（万元）</td><td>632.0</td><td>施工决算
（万元）</td><td>648.0</td><td colspan="2">竣工验收日期</td><td colspan="2">年 月 日</td></tr>
<tr><td colspan="4" rowspan="3">验收范围及数量：
桥梁宽度：39.94m，跨度：16+8×2=32m，总长38m。钻孔灌注桩基础（桥墩 φ1700，16根；桥台 φ1000，28根），钢筋混凝土排架式桥墩，薄壁桥台，预制简支空心桥梁板，板式橡胶支座，青石栏杆</td><td colspan="4">参加竣工验收单位意见</td></tr>
<tr><td>建设单位</td><td>同意验收

签名：××× （盖章）</td><td>设计单位</td><td>同意验收

签名：××× （盖章）</td></tr>
<tr><td rowspan="2">监理单位</td><td rowspan="2">同意验收

签名：××× （盖章）</td><td rowspan="2">施工单位</td><td rowspan="2">同意验收

签名：××× （盖章）</td></tr>
<tr><td colspan="4" rowspan="2">存在问题及处理意见：
外观检查中除桥面局部有少量收缩裂纹外，未发现其他明显缺陷，量测项目全部合格，质量保证资料真实、完整
工程施工过程中未出现过安全与质量事故</td></tr>
<tr><td>勘察单位</td><td>同意验收

签名：××× （盖章）</td><td>邀请单位</td><td>

签名： （盖章）</td></tr>
</table>

施工组织设计审批表

施管表 3

年　月　日

<table>
<tr><td>工程名称</td><td>××市××道路工程</td><td>施工单位</td><td>××市政工程公司</td></tr>
<tr><td colspan="4">有关部门会签意见：
技术上可行，能够按计划实现。
技术科：×××（签名）
同意。设备材料可按计划实现。
机具、材料科：×××（签名）
资金周转没问题。
财务科：×××（签名）
质量目标能实现，安全有保证。同意。
质量、安全科：×××（签名）
同意。
经营科：×××（签名）</td></tr>
<tr><td colspan="4">结论：该施工组织设计，技术上可行，进度目标、质量安全目标能够实现。符合有关规范、标准。符合合同要求。同意按此施工组织设计实施</td></tr>
<tr><td>审批单位（盖章）</td><td></td><td>审批人</td><td>公司总工程师：×××
（签名）</td></tr>
</table>

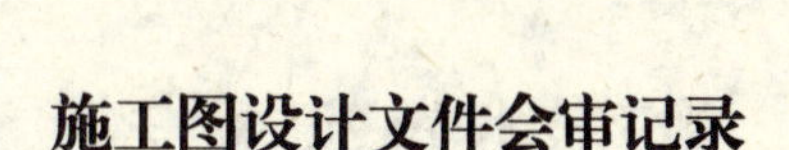

施工图设计文件会审记录

施管表4

<table>
<tr><td>工程名称</td><td colspan="5">××市××路工程</td></tr>
<tr><td>图纸会审部位</td><td colspan="3">全部工程（包括道路、桥梁、排水）</td><td>日　期</td><td>××年4月4日</td></tr>
<tr><td colspan="6">会审中发现的问题：
1. 有几个检查井的平面尺寸不明确、并缺施工详图
2. 预留管的长度为多少
3. 路基遇水塘如何处理
4. 土路基的回弹模量是多少
5. DN300 雨水口连接管的坡度是多少</td></tr>
<tr><td colspan="6">处理情况：
1. Y_{128}井室尺寸按1750mm×1750mm施工，Y_{124}井室尺寸按1500mm×1500mm施工，所有预留井井室尺寸均按1000mm×1000mm施工；管径大于1200mm及井深大于4000mm的检查井由设计院另补出详图。其余检查井套用杭州城建设计院97通　通用图
2. 所有预留管均以做出路面一节管为准
3. 路基施工如遇水塘，应先彻底清淤，然后采用塘渣回填，塘渣直径应小于100mm。并分层碾压密实，达到规定的压实度
4. 土路基回弹模量为23MPa
5. DN300 雨水口连接管的坡度与 DN200 管一样均为1%</td></tr>
<tr><td colspan="6">参加会审单位及人员</td></tr>
<tr><td>单位名称</td><td>姓　名</td><td>职　务</td><td>单位名称</td><td>姓　名</td><td>职　务</td></tr>
<tr><td>××投资开发公司</td><td>×××</td><td>总　工</td><td>××建设监理公司</td><td>×××</td><td>监理工程师</td></tr>
<tr><td>××投资开发公司</td><td>×××</td><td>工程师</td><td>××市政工程有限公司</td><td>×××</td><td>项目经理</td></tr>
<tr><td>××市政工程设计院</td><td>×××</td><td>高　工</td><td>××市政工程有限公司</td><td>×××</td><td>工程师</td></tr>
<tr><td>××市政工程设计院</td><td>×××</td><td>工程师</td><td>××市政工程有限公司</td><td>×××</td><td>工程师</td></tr>
</table>

填表人：

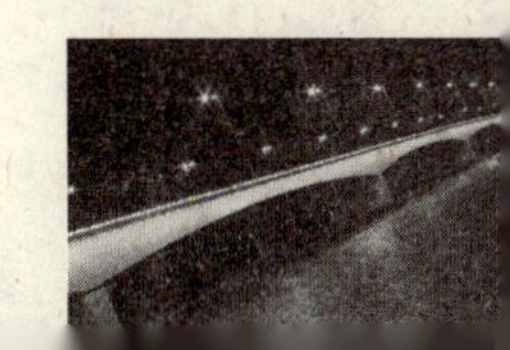

施工技术交底记录 之一

施管表5

××年8月1日

<table>
<tr><td>工程名称</td><td>××市××路××桥梁工程</td><td>分部工程</td><td>上部结构</td></tr>
<tr><td>分项工程名称</td><td colspan="3">梁板制安</td></tr>
<tr><td colspan="4">交底内容：
1. 钢筋成型与安装
成型前必须按设计要求配制钢筋的级别、钢种、根数、形状、直径等；绑扎成型时，钢丝必须扎紧，不得有滑动、折断、移位等情况；成型后的网片或骨架必须稳定牢固，在安装及浇筑混凝土时不得松动或变形；受力钢筋同一截面内、同一根钢筋上只准有一个接头；绑扎或焊接接头与钢筋弯曲处相距不应小于10倍主筋直径，也不宜位于最大弯矩处；钢筋网片和骨架成型允许偏差应符合（CJJ2—90）表7.3.6的规定
2. 模板
模板及支撑不得有松动、跑模或变形等现象；模板必须拼缝严密，不得漏浆，模内必须洁净；凡需起拱的构件模板，其预留拱度应符合规定
3. 水泥混凝土构件
混凝土的原材料、配合比必须符合有关标准、规范的规定，强度必须符合设计要求；强度的检验可做抗压试验；混凝土构件不得有蜂窝、露筋等现象，如有硬伤、掉角等缺陷均应修补完好；其允许偏差应符合（CJJ2—90）表8.0.5的规定
4. 水泥混凝土构件（梁、板）安装
梁、板安装必须平稳，支点处必须接触严密、稳固；相邻梁或板之间的缝隙必须用细石混凝土或砂浆嵌填密实；伸缩缝必须全部贯通，不得堵塞或变形，活动支座必须按设计要求上油润滑；支座接触必须严密，不得有空隙，位置必须符合设计要求；梁、板安装允许偏差应符合（CJJ2—90）表9.1.6的规定</td></tr>
<tr><td>交底单位</td><td></td><td>接收单位</td><td></td></tr>
<tr><td>交 底 人</td><td>×××</td><td>接 收 人</td><td>×××</td></tr>
</table>

施工技术交底记录 之二

施管表5

×× 年8月1日

<table>
<tr><td>工程名称</td><td>××市××路××桥梁工程</td><td>分部工程</td><td>桥面及附属工程</td></tr>
<tr><td>分项工程名称</td><td colspan="3">栏杆、灯柱、人行道板</td></tr>
<tr><td colspan="4">交底内容：
栏杆、灯柱、人行道板安装必须牢固，线条直顺不歪斜、扭曲；栏板与栏杆接缝处的填缝砂浆必须饱满，伸缩缝必须全部贯通；预制人行道板安装必须平整稳定，不平处要用砂浆填平；水泥混凝土面层要平整，打格线条要顺直、无裂缝，纵横坡度要符合设计要求；栏杆、灯柱、人行道板安装允许偏差应符合（CJJ2—90）表9.4.4的规定</td></tr>
<tr><td>交底单位</td><td></td><td>接收单位</td><td></td></tr>
<tr><td>交 底 人</td><td>×××</td><td>接 收 人</td><td>×××</td></tr>
</table>

施管表 5

施工技术交底记录 之三

×× 年8月1日

<table>
<tr><td>工程名称</td><td>××市××路××桥梁工程</td><td>分部工程</td><td>桥面及附属工程</td></tr>
<tr><td>分项工程名称</td><td colspan="3">桥面铺装层</td></tr>
<tr><td colspan="4">交底内容：
桥面与基层必须结合牢固；桥面泄水孔的进水口必须低于桥面，泄水不得流向墩台；桥头排水沟必须畅通，不得冲刷路堤；桥面防水层应符合设计要求；桥面厚度应满足设计要求；桥面铺装层允许偏差应符合（CJJ2—90）表 12.2.6 的规定</td></tr>
<tr><td>交底单位</td><td></td><td>接收单位</td><td></td></tr>
<tr><td>交 底 人</td><td>×××</td><td>接 收 人</td><td>×××</td></tr>
</table>

施工技术交底记录 之四　　　　施管表5

××　年8月1日

工程名称	××市××路××桥梁工程	分部工程	桥面及附属工程
分项工程名称	变形装置		

交底内容：

构造及宽度必须符合设计规定；伸缩缝面应平整，伸缩性能必须有效；不得有堵塞、渗漏、变形和开裂等现象

沉降装置必须垂直，接触面平整；混凝土基础、压顶与挡墙墙身的沉降装置须在同一垂直线上，并使其缝在基桩间隙中通过

止水装置缝面应垂直、平整，填充料必须嵌填密实，不得有渗漏、变形和开裂等现象

交底单位		接收单位	
交 底 人	×××	接 收 人	×××

施工技术交底记录 之五

施管表5

××　年8月1日

工程名称	××市××路××桥梁工程	分部工程	桥面及附属工程
分项工程名称	挡墙工程		

交底内容：

1. 基坑

严禁扰动基底土，如发生超挖，严禁用土回填；基底不得受浸泡或受冻；基底淤泥必须清理干净，基坑内旧基础、桩及其他不符合设计要求的杂物必须处理；基坑允许偏差应符合（CJJ2—90）表3.1.5的规定

2. 基础

混凝土基础不得有石子外露、脱皮、裂缝等现象；伸缩缝位置应正确、垂直、贯通；其允许偏差应符合（CJJ3—90）表4.2.2的规定

3. 砌体

砌体砂浆必须嵌填饱满密实；灰缝整齐均匀，缝宽符合要求，勾缝不得空鼓、脱落；砌体分层砌筑必须错缝，交接处咬扣应紧密；预埋件、泄水孔、反滤层、防水设施等必须符合设计或规范的要求。砌体允许偏差应符合（CJJ2—90）表5.0.6的规定

4. 回填

回填时，基坑内无积水；填土经碾压后不得有翻浆、“弹簧”现象；填土中不得含有淤泥、腐殖土、冻土及有机物质；回填土压实度标准应符合（CJJ2—90）表3.2.3的规定

交底单位		接收单位	
交底人	×××	接收人	×××

工程洽商记录 之一

施管表 6

第××号

××年 11 月 2 日

工程名称	××市××路××桥工程	施工单位	××市政工程有限公司

洽商事项：

1. 原设计桥面铺装层是 10cm 的混凝土，考虑到桥体的不均匀沉降和行车的平顺性，建议改为 7cm 的混凝土加 3cm 的细粒式沥青混凝土

2. 原设计图纸中栏杆是贴面砖的混凝土栏板和不锈钢管组成，从美观出发建议改为青石栏杆

参加单位及人员	建设单位	设计单位	监理单位	施工单位	
	同意 （公章） 李为民（签名）	同意 （公章） 王爱民（签名）	同意 （公章） 赵维民（签名）	（公章） 张利民（签名）	

工程洽商记录 之二

施管表6

第××号　　　　××年11月2日

工程名称	××市××道路工程	施工单位	××市政工程有限公司

洽商事项：

原设计图上所注塘渣、三渣回弹模量分别为150、500MPa，经查该数据为材料回弹模量，现场当量回弹模量应为：塘渣35MPa，三渣100MPa，请该实后予以批复

参加单位及人员	建设单位	设计单位	监理单位	施工单位	
	同意 （公章） 李为民（签名）	同意 （公章） 王爱民（签名）	同意 （公章） 赵维民（签名）	（公章） 张利民（签名）	

市政工程施工技术资料管理与编制范例

工程洽商记录 之三

施管表6

第××号　　　　××年11月2日

工程名称	××市××路××桥工程	施工单位	××市政工程有限公司

洽商事项：

1. 原总体布置图，A－A中桥桩间尺寸与平剖面图尺寸不相符
2. 原总体布置图，B－B中间桩间尺寸与平剖面图尺寸不相符
3. 桥墩桩基配筋图中，钢筋长度和破桩部位不明确，请予示明
4. 原图16m梁板预拱为1cm，偏小，建议改为2cm
5. 16m和8m梁板封头混凝土标号不同？要否统一

设计院签复如下：

1. 以平面图为准
2. 以剖面图为准
3. 5号图桩基顶标高由原图1.1m改为1.62m，其他作相应修改
4. 同意
5. 统一为C20

参加单位及人员	建设单位	设计单位	监理单位	施工单位	
	同意 （公章） 李为民（签名）	同意 （公章） 王爱民（签名）	同意 （公章） 赵维民（签名）	（公章） 张利民（签名）	

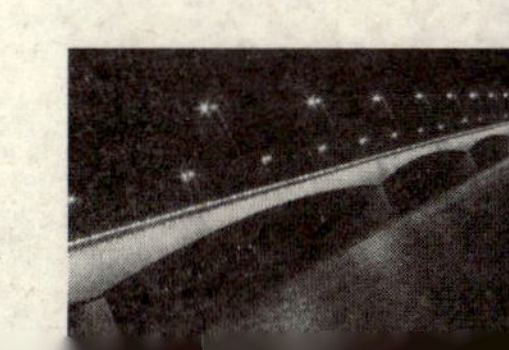

工序质量评定表 之一

质评表 3

单位工程名称：××市××路　　部位名称：道路　　工序名称：北快车道土路基　　桩号位置：0+560－0+800

主要工程数量		长 240m，宽 13.85m	
序号	外观检查项目	质 量 情 况	评 定 意 见
1	CJJ1—90　3.3.1	路床无翻浆、弹簧、起皮、波浪、积水等现象	符合 CJJ1—90 标准的相关要求
2	CJJ1—90　3.3.2	用 12～15t 压路机碾压后，轮迹深度不大于 5mm	
3	CJJ1—90　3.3.3	路床允许偏差符合下列规定	
4			

序号	量测项目	规定值或允许偏差（mm）	实测值或实测偏差值 1	2	3	4	5	6	7	8	9	10	11	12	13	14	15	应检点数	合格点数	合格率（%）
1	中线高程	±20	2	5	-2	-5	22	14	26	15	14	9	-2	-3				12	10	83.3
2	平整度	20	22	11	19	17	5	15	6	7	14	12	22	17				12	10	83.3
3	宽度	0～200	120	50	80	60	130	140										6	6	100
4	横坡	±20 且不大于 0.3%	20	-2	-6	4	5	6	7	11	21	23	5	6				12	11	91.7
5																				
6																				
7																				
8																				
9																				

交方班组	郑和（签字）	接方班组	郑和（签字）	监理意见	签字：钱望	平均合格率（%）	89.56
						评定等级	合格

施工项目技术负责人：程如新（签字）　　施工员：张青（签字）　　质检员：王五（签字）　　××年6月15日

工序质量评定表 之二

质评表 3

单位工程名称：××市××路　　部位名称：道路　　工序名称：北侧快车道塘渣　　桩号位置：0+560－0+800

主要工程数量		长 240m，宽 13.85m，厚度 30cm	
序号	外观检查项目	质 量 情 况	评 定 意 见
1	CJJ1—90　4.2.1	表面坚实、平整，嵌缝料无浮于表面或聚集形成一层情况	符合 CJJ1—90 标准的相关要求
2	CJJ1—90　4.2.2	用 12t 以上压路机碾压后，轮迹深度不大于 5mm	
3	CJJ1—90　4.2.3	碎石基层允许偏差符合下列规定	
4			

序号	量测项目	规定值或允许偏差（mm）	实测值或实测偏差值															应检点数	合格点数	合格率（%）
			1	2	3	4	5	6	7	8	9	10	11	12	13	14	15			
1	厚度	±10%	3	5	8													3	3	100
2	平整度	15	16	2	4	6	9	11	4	21	10	15	4	12				12	10	83.3
3	宽度	不小于设计规定	13.86	13.80	13.87	13.9	13.92	13.87										6	5	83.3
4	中线高程	±20	-6	9	23	-4	21	10	0	12	15	6	7	12				12	10	83.3
5	横坡	±20 且不大于 ±0.3%	6	-2	-4	6	-3	7	-8	-2	11	4	0	10				12	12	100
6	压实密度	$2t/m^3$																3		
7																				
8																				
9																				

交方班组	郑和（签字）	接方班组	赵灵（签字）	监理意见	签字：钱望	平均合格率（%）	90.0
						评定等级	合格

施工项目技术负责人：程如新（签字）　　施工员：张青（签字）　　质检员：王五（签字）　　××年7月7日

工序质量评定表 之三

质评表3

单位工程名称：××市××路　　部位名称：道路　　工序名称：北快车道三渣基层　　桩号位置：0+480－0+800

主要工程数量		长320m，宽13.35m，厚30cm	
序号	外观检查项目	质量情况	评定意见
1	CJJ1—90　4.6.2	摊铺层无明显粗细颗粒离析现象	符合CJJ1—90标准的相关要求
2	CJJ1—90　4.6.3	用12t以上压路机碾压后，轮迹深度不大于5mm，并无浮料、脱皮、松散现象	
3	CJJ1—90　4.6.4	石灰、粉煤灰类混合料基层允许偏差应符合下列规定	
4			

序号	量测项目	规定值或允许偏差（mm）	实测值或实测偏差值 1	2	3	4	5	6	7	8	9	10	11	12	13	14	15	应检点数	合格点数	合格率（%）
1	平整度	10	5	9	10	7	9	12	15	8	6	4						16	13	81.3
			11	7	9	10	4	6												
2	厚度	±10	12	6	10	2	-7	-3	-2	-5								8	7	87.5
3	宽度	不小于设计规定	13.37	13.39	13.38	13.47	13.36	13.41	13.42									7	7	100
4	中线高程	±20	-3	-8	-9	-19	-21	-10	-9	-12	-9	-11						16	14	87.5
			-8	-3	2	6	-22	-5												
5	横坡	±20且不大于±0.3%	11	9	2	5	-5	-2	5	-3	8	6						16	15	93.8
			4	-3	2	3	-3	6												
6	压实度	95%（重型）																4		

交方班组	赵灵（签字）	接方班组	赵灵（签字）	监理意见	签字：钱望	平均合格率（%）	90.0
						评定等级	合格

施工项目技术负责人：程如新（签字）　　施工员：张青（签字）　　质检员：王五（签字）　　××年8月18日

工序质量评定表 之四 A

质评表 3

单位工程名称：××市××路　　部位名称：道路工程　　工序名称：混凝土面层　　桩号位置：K0 +360 - K0 +475

主要工程数量		南北侧宽各 12.25m，长 115m	
序号	外观检查项目	质量情况	评定意见
1	CJJ1—90　5.1.1	模板支立牢固，不倾斜、漏浆	符合 CJJ1—90 标准的相关要求
2	CJJ1—90　5.1.2	板面边角整齐，无大于0.3mm的裂缝，无石子外露和浮浆、脱皮、印痕、积水等现象	
3	CJJ1—90　5.1.3	伸缩缝垂直，缝内无杂物。伸缩缝全部贯通，传力杆与缝面垂直	
4	CJJ1—90　5.1.4	切缝直线段线直，曲线段弯顺，无夹缝，灌缝无漏浆	
5	CJJ1—90　5.1.5	水泥混凝土面层允许偏差符合下列规定	

序号	量测项目	规定值或允许偏差（mm）	实测值或实测偏差值															应检点数	合格点数	合格率（%）
			1	2	3	4	5	6	7	8	9	10	11	12	13	14	15			
1	模板直顺度	5	2	0	1													3	3	100
2	模板高程	±5	-2	-5	2													3	3	100
3	混凝土抗压强度	不低于规定	见	试	验	单												6	6	100
4	混凝土抗折强度	不低于规定	见	试	验	单												6	6	100
5	厚度	+21，-5	13	11	-1	8	5	3										6	6	100
6	平整度	5	1	6	3	0	4	1										6	5	83.3
7	相邻板高差	3	2	3	0	1												4	4	100
8	宽度	-20	-14	-10	-9													3	3	100
9	中线高程	±20	6	-7	1	-8	11	-21										6	5	83.3

交方班组	赵灵（签字）	接方班组	赵灵（签字）	监理意见	签字：钱望	平均合格率（%）	
						评定等级	

施工项目技术负责人：程如新（签字）　　施工员：张青（签字）　　质检员：王五（签字）　　××年11月1日

工序质量评定表 之四 B

质评表 3

单位工程名称：××市××路　　部位名称：道路工程　　工序名称：混凝土面层　　桩号位置：K0 + 360 – K0 + 475

主要工程数量		南北侧宽各 12.25m，长 115m	
序号	外观检查项目	质量情况	评定意见
1	CJJ1—90　5.1.1	模板支立牢固，不倾斜、漏浆	符合 CJJ1—90 标准的相关要求
2	CJJ1—90　5.1.2	板面边角整齐，无大于 0.3mm 的裂缝，无石子外露和浮浆、脱皮、印痕、积水等现象	
3	CJJ1—90　5.1.3	伸缩缝垂直，缝内无杂物。伸缩缝全部贯通，传力杆与缝面垂直	
4	CJJ1—90　5.1.4	切缝直线段线直，曲线段弯顺，无夹缝，灌缝无漏浆	
5	CJJ1—90　5.1.5	水泥混凝土面层允许偏差符合下列规定	

序号	量测项目	规定值或允许偏差（mm）	实测值或实测偏差值 1	2	3	4	5	6	7	8	9	10	11	12	13	14	15	应检点数	合格点数	合格率（%）
10	横坡	±10，且不大于 ±0.3%	4	7	1	-6	-7	5	12	4	-6	-2	6	14	2	7	0			
			-6	-9	-11	5	7	1	0	5	2	-5	-12	5	7	4	-1			
			10	8	-6	-1	0	7	-11	5	9	-4	-3	2	-8	-7	1			
			-4	-5	11													48	42	87.5
11	纵缝直顺	10	7	5	2	4	6	11	7	1								8	7	87.5
12	横缝直顺	10	1	7	2	6	11	0										6	5	83.3
13	蜂窝麻面	<2%	1%	0.4%	0	0.1%	0.7%	1.2%	2.4%	0.9%	1.4%	0.8%	1.1%	0.2%				12	11	91.7

交方班组	赵灵（签字）	接方班组	赵灵（签字）	监理意见	签字：钱望	平均合格率（%）	93.6
						评定等级	合格

施工项目技术负责人：程如新（签字）　　施工员：张青（签字）　　质检员：王五（签字）　　××年 11 月 1 日

工序质量评定表 之五 A

质评表 3

单位工程名称：××市××路　　部位名称：道路工程　　工序名称：沥青混凝土面层　　桩号位置：0+085－0+360 快车道

主要工程数量		面积 $6200m^2$，7cm 粗粒式+5cm 中粒式+3cm 细粒式	
序号	外观检查项目	质量情况	评定意见
1	CJJ1—90　5.2.1	表面平整，坚实，无脱落、掉渣、裂缝、推挤、烂边、粗细料集中等现象	符合 CJJ1—90 标准的相关要求
2	CJJ1—90　5.2.2	用10t 以上压路机碾压后，无明显轮迹	
3	CJJ1—90　5.2.3	接槎紧密、平顺、烫缝不枯焦	
4	CJJ1—90　5.2.4	面层与路缘石及其他构筑物接顺，无积水现象	

序号	量测项目	规定值或允许偏差（mm）	实测值或实测偏差值 1	2	3	4	5	6	7	8	9	10	11	12	13	14	15	应检点数	合格点数	合格率（%）
1	压实度	≥95%	详	见	试	验	报	告	单									3	3	100
2	厚度	+20，−5	−3	+8	+2													3	3	100
3	弯沉	<设计值	详	见	试	验	报	告	单									112	112	100
4	平整度	5	5	4	6	2	1	3	0	3	2	3	5	6	4	1	1			
			2	1	2	3	5	6	7	0	1	2	3	2	5	4	3			
			1	3	3	5	4	2	1	2	2	6	2	3	5	1	2			
			6	2	3	4	4	2	1	3	6	2						55	48	87.3
5	宽度	−20	−8	−1	−12	−5	+9	−10	−5									7	6	85.7

交方班组	赵灵（签字）	接方班组	赵灵（签字）	监理意见	签字：钱望	平均合格率（%）	
						评定等级	

施工项目技术负责人：程如新（签字）　　施工员：张青（签字）　　质检员：王五（签字）　　××年6月30日

工序质量评定表 之五 B

质评表 3

单位工程名称：××市××路　　部位名称：道路工程　　工序名称：沥青混凝土面层　　桩号位置：0+085－0+360 快车道

主要工程数量			面积 $6200m^2$，7cm 粗粒式+5cm 中粒式+3cm 细粒式																	
序号	外观检查项目		质量情况												评定意见					
1	CJJ1—90　5.2.1		表面平整，坚实，无脱落、掉渣、裂缝、推挤、烂边、粗细料集中等现象												符合 CJJ1—90 标准的相关要求					
2	CJJ1—90　5.2.2		用 10t 以上压路机碾压后，无明显轮迹																	
3	CJJ1—90　5.2.3		接槎紧密、平顺、烫缝不枯焦																	
4	CJJ1—90　5.2.4		面层与路缘石及其他构筑物接顺，无积水现象																	
序号	量测项目	规定值或允许偏差（mm）	实测值或实测偏差值															应检点数	合格点数	合格率（%）
			1	2	3	4	5	6	7	8	9	10	11	12	13	14	15			
6	中线高程	±20	−15	23	14	−8	−6	−6	15	3	−21	9	−4	−11	18	−3		14	12	85.7
7	横坡	±10 且≯	2	5	−9	−8	3	5	−10	−12	−13	9	8	−7	−5	−3	8			
		±0.3	9	−11	−5	6	8	4	−3	12	−5	9	−10	9	8	−6	−5			
			−9	5	10	−2	−6	4	9	12	−14	−6	9	−8	−7	−3	−8			
			−3	12	4	9	5	2	−10	5	9	8	2	4	−3	−11	−10			
			−12	3	8	6	12	−4	−8	9	6	2	−11	8	−6	−6	5			
			9	5	2	4	−6	3	12	3	9	−5	−14	4	−11	−8	6	90	77	85.6
8	井框与路面高差	5	4	6	2	4	5	6	4	2	1	3	3	4	2	2		14	12	85.7
交方班组	赵灵（签字）	接方班组	赵灵（签字）			监理意见	签字：钱望							平均合格率（%）					91.3	
														评定等级					合格	

施工项目技术负责人：程如新（签字）　　施工员：张青（签字）　　质检员：王五（签字）　　××年 6 月 30 日

工序质量评定表 之六 A

质评表 3

单位工程名称：××市××路　　部位名称：道路工程　　工序名称：平侧石　　桩号位置：K0 +031 – K0 +788

主要工程数量		两边各长 757m	
序号	外观检查项目	质量情况	评定意见
1	CJJ1—90 6.2.1	侧石、缘石稳固，线直、弯顺、无折角，顶面平整无错牙，侧石勾缝严密	符合 CJJ1—90 标准的相关要求
2	CJJ1—90 6.2.2	侧石背后回填密实	
3	CJJ1—90 6.2.3	侧石、缘石允许偏差符合下列规定	

序号	量测项目	规定值或允许偏差（mm）	实测值或实测偏差值															应检点数	合格点数	合格率（%）
			1	2	3	4	5	6	7	8	9	10	11	12	13	14	15			
1	直顺度	10	9	8	5	12	7	5	4	3	0	1	9	2	0	1	3			
			1															16	15	93.8
2	相邻板高差	3	1	3	5	0	1	2	4	2	6	2	0	5	4	2	1			
			0	2	1	0	1	2	2	1	2	5	0	4	0	3	3			
			2	0	1	0	1	1	1	4	0	2	0	1	0	1	1			
			1	1	1	2	2	1	2	3	3	2	4	1	2	2	1			
			2	5	2	4	2	3	3	4	2	4	1	1	1	2	4			
			2	4	1													78	63	80.8
3	缝宽	±3	2	2	1	2	0	4	2	5	1	5	0	4	2	1	0			
			1	2	1	3	1	2	0	1	1	4	2	1	1	0	1			

交方班组	赵灵（签字）	接方班组	赵灵（签字）	监理意见	签字：钱望	平均合格率（%）	
						评定等级	

施工项目技术负责人：程如新（签字）　　施工员：张青（签字）　　质检员：王五（签字）　　××年6月25日

工序质量评定表 之六 B

质评表 3

单位工程名称：××市××路　　部位名称：道路工程　　工序名称：平侧石　　桩号位置：K0+031－K0+788

主要工程数量		两边各长 757m	
序号	外观检查项目	质量情况	评定意见
1	CJJ1—90 6.2.1	侧石、缘石稳固，线直、弯顺、无折角，顶面平整无错牙，侧石勾缝严密	符合 CJJ1—90 标准的相关要求
2	CJJ1—90 6.2.2	侧石背后回填密实	
3	CJJ1—90 6.2.3	侧石、缘石允许偏差应符合下列规定	

序号	量测项目	规定值或允许偏差（mm）	实测值或实测偏差值 1	2	3	4	5	6	7	8	9	10	11	12	13	14	15	应检点数	合格点数	合格率（%）
3	缝宽	±3	2	3	4	2	0	5	1	2	0	1	2	4	1	0	4			
			1	2	1	3	1	0	2	1	2	1	2	1	0	0	0			
			1	2	1	0	1	1	2	3	0	1	0	0	0	0	0			
			1	1	2													78	69	88.5
4	侧石顶面高程	±10	8	5	6	1	11	2	5	4	7	9	5	11	5	7	4			
			4	9	14	2	6	1	7	5	2	1	4	1	1	2	7			
			9	12	4	8	9	5	4	4	5	11	5	12	5	12	0			
			5	1	1	1	2	4	11	2	3	1	7	5	0	1	9			
			12	11	4	7	8	5	2	3	8	4	2	10	2	4	2			
			11	5	4													78	68	87.2

交方班组	赵灵（签字）	接方班组	赵灵（签字）	监理意见	签字：钱望	平均合格率（%）	87.6
						评定等级	合格

施工项目技术负责人：程如新（签字）　　施工员：张青（签字）　　质检员：王五（签字）　　××年6月25日

工序质量评定表 之七

质评表 3

单位工程名称：××市××路排水工程　　部位名称：污水管　　工序名称：沟槽　　桩号位置：X120—X121

主要工程数量			DN500，长 30																	
序号	外观检查项目		质量情况														评定意见			
1	CJJ1—90 3.1.1		槽底土无扰动、无超挖														符合 CJJ3—90 标准的相关要求			
2	CJJ1—90 3.1.2		槽底未受水浸泡																	
3	CJJ1—90 3.1.3		沟槽允许偏差符合下列规定																	
序号	量测项目	规定值或允许偏差（mm）	实测值或实测偏差值 1	2	3	4	5	6	7	8	9	10	11	12	13	14	15	应检点数	合格点数	合格率（%）
1	槽底高程	0，-30	-20	-15	-10													3	3	100
2	槽底中线每侧宽度	不小于规定设计每侧 700	725	730	715	690	720	730										6	5	83.3
3	沟槽边坡	不陡于规定	≯1:0.33	≯1:0.33	≯1:0.33	≯1:0.33	≯1:0.33	≯1:0.33										6	6	100
4																				
5																				
6																				
7																				
8																				
9																				
交方班组	赵灵（签字）	接方班组	赵灵（签字）		监理意见	签字：钱望											平均合格率（%）		94.4	
																	评定等级		合格	

施工项目技术负责人：程如新（签字）　　施工员：张青（签字）　　质检员：王五（签字）　　××年9月20日

质评表 3

工序质量评定表 之八

单位工程名称：××市××路排水工程　　部位名称：污水管　　工序名称：砂石垫层　　桩号位置：X95—X96

主要工程数量			*D*300，长 28m，宽 840mm																	
序号	外观检查项目		质量情况													评定意见				
1	CJJ3—90　3.2.1		允许偏差符合下列规定													符合 CJJ3—90 标准的相关要求				
2																				
3																				
序号	量测项目	规定值或允许偏差（mm）	实测值或实测偏差值															应检点数	合格点数	合格率（%）
			1	2	3	4	5	6	7	8	9	10	11	12	13	14	15			
1	中线每侧宽度	不小于设计规定	420	430	400	435	425	435										6	5	83.3
2	高程	0，－15	－2	－6	－10													3	3	100
3																				
4																				
5																				
6																				
7																				
8																				
交方班组	赵灵（签字）	接方班组	赵灵（签字）			监理意见	签字：钱望							平均合格率（%）				91.7		
														评定等级				合格		

施工项目技术负责人：程如新（签字）　　施工员：张青（签字）　　质检员：王五（签字）　　××年6月9日

质评表 3

工序质量评定表 之九

单位工程名称：××市××路排水工程　部位名称：污水管　工序名称：平基钢筋安装　桩号位置：X109—X110

主要工程数量		DB600，管长 30m	
序号	外观检查项目	质量情况	评定意见
1	CJJ3—90　5.5.10	配置的钢筋级别、钢种、根数、直径等符合设计要求	符合 CJJ3—90 标准的相关要求
2	GJJ3—90　5.5.11	钢筋安装允许偏差符合下列规定	
3			

序号	量测项目	规定值或允许偏差（mm）	实测值或实测偏差值															应检点数	合格点数	合格率（%）
			1	2	3	4	5	6	7	8	9	10	11	12	13	14	15			
1	受力钢筋间距	±20	2	6	1	-1												4	4	100
2	箍筋间距	±20	-6	-25	-17	2	12											5	4	80
3	保护层厚度	±10	-5	-7	-6	15	7											5	4	80
4																				
5																				
6																				
7																				
8																				
9																				
10																				

交方班组	赵灵（签字）	接方班组	赵灵（签字）	监理意见	签字：钱望	平均合格率（%）	86.7
						评定等级	合格

施工项目技术负责人：程如新（签字）　施工员：张青（签字）　质检员：王五（签字）　××年5月1日

工序质量评定表 之十

质评表3

单位工程名称：××市××路排水工程　　部位名称：污水管　　工序名称：平基　　桩号位置：X120—X119

主要工程数量	DN500，管长30m，宽1380mm，厚140mm	
序号 / 外观检查项目	质量情况	评定意见
1　CJJ3—90　3.2.1	平基允许偏差符合下列规定	符合CJJ3—90 标准的相关要求
2		
3		

序号	量测项目	规定值或允许偏差（mm）	实测值或实测偏差值 1	2	3	4	5	6	7	8	9	10	11	12	13	14	15	应检点数	合格点数	合格率（%）
1	混凝土抗压强度	符合规定	见	混	凝	土	试	验	单											100
2	中线每侧宽度	10，0	695	690	710	700	715	705										6	5	83.3
3	高程	0，-15	-2	-12	-4													3	3	100
4	厚度	不小于设计规定	145	142	140													3	3	100
5																				
6																				
7																				
8																				
9																				

交方班组	赵灵（签字）	接方班组	赵灵（签字）	监理意见	签字：钱望	平均合格率（%）	95.8
						评定等级	合格

施工项目技术负责人：程如新（签字）　　施工员：张青（签字）　　质检员：王五（签字）　　××年11月3日

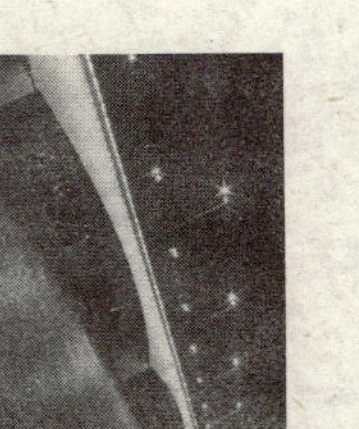

工序质量评定表　之十一

质评表 3

单位工程名称：××市××路排水工程　　部位名称：污水管　　工序名称：安管　　桩号位置：X91—X90

序号	量测项目	规定值或允许偏差（mm）	1	2	3	4	5	6	7	8	9	10	11	12	13	14	15	应检点数	合格点数	合格率（%）
主要工程数量			DN800，管长 33m																	
序号	外观检查项目		质量情况														评定意见			
1	CJJ3—90　3.3.1		管道垫稳，管底坡度无倒流水，缝宽均匀，管内无杂物														符合 CJJ3—90 标准的相关要求			
2	CJJ3—90　3.3.2		安管允许偏差符合下列规定																	
3	CJJ3—90																			
1	中线位移	15	10	6														2	2	100
2	管内底高程	±10	8	−6														2	2	100
3	相邻管内底错口	3	2	1	2													3	3	100
4																				
5																				
6																				
7																				
8																				
9																				
10																				
交方班组	赵灵（签字）	接方班组	赵灵（签字）		监理意见		签字：钱望								平均合格率（%）			100		
															评定等级			合格		

施工项目技术负责人：程如新（签字）　　施工员：张青（签字）　　质检员：王五（签字）　　××年6月18日

工序质量评定表　之十二

质评表 3

单位工程名称：××市××路排水工程　　部位名称：污水管　　工序名称：管座　　桩号位置：X107—X109

主要工程数量		DN600，管长 30m	
序号	外观检查项目	质量情况	评定意见
1	CJJ3—90　3.2.1	允许偏差符合下列规定	符合 CJJ3—90 标准的相关要求
2			
3			

序号	量测项目	规定值或允许偏差（mm）	实测值或实测偏差值															应检点数	合格点数	合格率（%）
			1	2	3	4	5	6	7	8	9	10	11	12	13	14	15			
1	混凝土抗压强度	符合规定	见	混	凝	土	试	验	单									1 组	1 组	100
2	肩宽	+10，-5	9	12	5	6	8	-2										6	5	83.3
3	肩高	±20	12	15	6	7	-3	-15										6	6	100
4	蜂窝麻面面积	1%	0.5%	0														2	2	100
5																				
6																				
7																				
8																				
9																				
10																				

交方班组	赵灵（签字）	接方班组	赵灵（签字）	监理意见	签字：钱望	平均合格率（%）	95.8
						评定等级	合格

施工项目技术负责人：程如新（签字）　　施工员：张青（签字）　　质检员：王五（签字）　　××年5月3日

工序质量评定表 之十三

质评表 3

单位工程名称：××市××路××桥梁工程　　部位名称：上部结构 16m 简支梁空心中板　　工序名称：混凝土构件　　桩号位置：L16—14#

主要工程数量	16m 简支梁空心板长主度 15960mm，宽度 1290mm，高度 800mm，混凝土方量 7.5m³	
序号 外观检查项目	质量情况	评定意见
1　CJJ2—90　8.0.1	混凝土的原材料、配合比符合规定，强度符合设计要求	符合 CJJ2—90 标准的相关要求
2　CJJ2—90　8.0.2	混凝土空心板表面无蜂窝、露筋等现象	
3　CJJ2—90　8.0.5	允许偏差符合下表	

序号	量测项目		规定值或允许偏差（mm）	实测值或实测偏差值 1	2	3	4	5	6	7	8	9	10	11	12	13	14	15	应检点数	合格点数	合格率（%）
1	混凝土抗压强度		符合规定	见	混	凝	土	抗	压	强	度	试	验	报	告						100
2	断面尺寸	宽	0　-10	0	-1	-8	0	-2											5	5	100
3		高	+10　-5	-4	+3	-6	+7	-4											5	4	80
4		壁厚	±5	-5	-3	+5	+1	-3											5	5	100
5	长度		0　-10	0	-2	-5	-11												4	3	75
6	侧向弯曲		L/1000 且不大于 10	8	9														2	2	100
7	麻面		每侧≤1%	0.4%	0														2	2	100
8	平整度		8	3	5														2	2	100
9																					

交方班组	赵灵（签字）	接方班组	赵灵（签字）	监理意见	签字：钱望	平均合格率（%）	94.4
						评定等级	合格

施工项目技术负责人：程如新（签字）　　施工员：张青（签字）　　质检员：王五（签字）　　××年9月22日

工序质量评定表　之十四

质评表 3

单位工程名称：××市××路××桥梁工程　部位名称：上部结构 16m 简支梁空心边板　工序名称：混凝土构件　桩号位置：L16—6#

主要工程数量		16m 简支梁空心板长主度 15960mm，宽度 1695mm，高度 800mm，混凝土方量 8.5m³	
序号	外观检查项目	质量情况	评定意见
1	CJJ2—90　8.0.1	混凝土的原材料、配合比符合规定，强度符合设计要求	符合 CJJ2—90 标准的相关要求
2	CJJ2—90　8.0.2	混凝土空心板表面无蜂窝、露筋等现象	
3	CJJ2—90　8.0.5	允许偏差符合下表	

序号	量测项目		规定值或允许偏差（mm）	实测值或实测偏差值 1	2	3	4	5	6	7	8	9	10	11	12	13	14	15	应检点数	合格点数	合格率（%）
1	混凝土抗压强度		符合规定	见	混	凝	土	抗	压	强	度	试	验	报	告						100
2	断面尺寸	宽	0　−10	−1	−11	−6	−5	−4											5	4	80
3		高	+10　−5	−2	+3	−3	+8	−4											5	5	100
4		壁厚	±5	−4	−3	+2	+3	−3											5	5	100
5	长度		0　−10	0	−4	−5	−2												4	4	100
6	侧向弯曲		L/1000 且不大于 10	5	3														2	2	100
7	麻面		每侧≤1%	0.2%	0														2	2	100
8	平整度		8	0	5														2	2	100
9																					

交方班组	赵灵（签字）	接方班组	赵灵（签字）	监理意见	签字：钱望	平均合格率（%）	97.5
						评定等级	合格

施工项目技术负责人：程如新（签字）　施工员：张青（签字）　质检员：王五（签字）　××年9月22日

工程部位质量评定表 之一

质评表2

施工单位：××市政工程有限公司

工程名称：××市××路××桥梁工程　　　　部位名称：基础工程

序号	工序名称	合格率（%）	质量等级	备　注
1	基坑开挖	89.6	合格	
2	钻孔灌注桩	88.7	合格	
3	承台	89.2	合格	
4	基坑回填	85.9	合格	
平均合格率（%）		88.4		
评定意见	同意该部位评定为合格	评定等级	合格	

施工项目技术负责人：×××　　质检员：×××　　施工负责人：×××　　××年××月××日

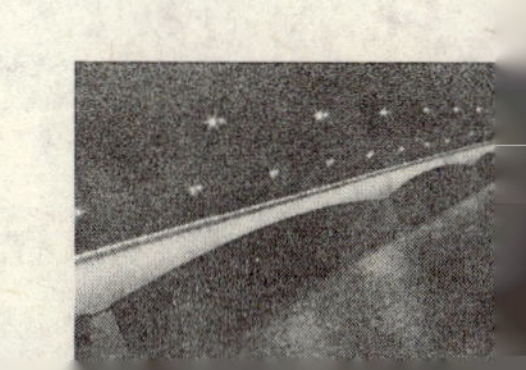

工程部位质量评定表 之二

质评表 2

施工单位：××市政工程有限公司

工程名称：××市××路××工程　　　部位名称：下部构造

序号	工序名称	合格率（%）	质量等级	备注
1	圆柱式桥墩	86.7	合格	
2	薄壁式桥台	89.4	合格	
平均合格率（%）		88.1		
评定意见	同意该部位评定为合格	评定等级	合格	

施工项目技术负责人：×××　　质检员：×××　　施工负责人：×××　　××年××月××日

工程部位质量评定表 之三

质评表 2

施工单位：××市政工程有限公司

工程名称：××市××路××桥梁工程　　　　部位名称：上部构造

序号	工序名称	合格率（%）	质量等级	备　注
1	16m 简支梁空心中板	82.3	合格	
2	16m 简支梁空心边板	85.6	合格	
3	8m 简支梁空心中板	83.7	合格	
4	8m 简支梁空心边板	88.6	合格	
5	北桥桥墩盖梁	89.5	合格	
6	中桥桥墩盖梁	86.7	合格	
7	南桥桥墩盖梁	85.8	合格	
平均合格率（%）		86.0		
评定意见	同意该部位评定为合格	评定等级	合格	

施工项目技术负责人：×××　　质检员：×××　　施工负责人：×××　　××年××月××日

工程部位质量评定表 之四

质评表 2

施工单位：××市政工程有限公司

工程名称：××市××路××桥梁工程　　部位名称：桥面及附属工程

序号	工序名称	合格率（%）	质量等级	备　注
1	桥面铺装层	86.7	合格	
2	栏杆	83.4	合格	
3	人行道板	85.6	合格	
4	搭板	88.4	合格	
平均合格率（%）		86.0		
评定意见	同意该部位评定为合格	评定等级	合格	

施工项目技术负责人：×××　质检员：×××　施工负责人：×××　××年××月××日

工程部位质量评定表 之五

质评表 2

施工单位：××市政工程有限公司

工程名称：××市××路排水工程　　　　部位名称：污水管道

序号	工序名称	合格率（%）	质量等级	备　注
1	沟槽开挖	85.1	合格	
2	平基	88.5	合格	
3	安管	89.2	合格	
4	管座	84.9	合格	
5	检查井	85.6	合格	
6	无压力管道严密性试验	100	合格	
7	回填	83.4	合格	
平均合格率（%）		88.1		
评定意见	同意该部位评定为合格	评定等级	合格	

施工项目技术负责人：×××　　质检员：×××　　施工负责人：×××　　××年××月××日

工程部位质量评定表 之六　　　　质评表 2

施工单位：××市政工程有限公司

工程名称：××市××路××工程　　　　部位名称：0+035—1+056

序号	工序名称	合格率（%）	质量等级	备　注
1	路基	85.6	合格	
2	基层	89.7	合格	
3	面层	88.3	合格	
4	附属构筑物	86.2	合格	
5	道路半成品	87.5	合格	
平均合格率（%）		87.5		
评定意见	同意该部位评定为合格	评定等级	合格	

施工项目技术负责人：×××　　质检员：×××　　施工负责人：×××　　××年××月××日

市政工程施工技术资料管理与编制范例

单位工程质量评定表 之一

质评表 1

工程名称：××市××路××桥梁工程　　施工单位：××市政工程有限公司

序号	部位（工序）名称	合格率（%）	质量等级	备　注
1	基础工程	91.3		
2	下部构造	88.9		
3	上部构造	90.4		
4	桥面及附属工程	88.6		
平均合格率（%）		89.8		
评定意见	同意评为合格	评定等级	合格 （单位盖章）	

单位工程技术负责人：×××　　质检员：×××　　××年××月××日

单位工程质量评定表 之二

质评表 1

工程名称：××市××路道路工程　　　　施工单位：××市政工程有限公司

序号	部位（工序）名称	合格率（%）	质量等级	备　注
1	路基	85.6	合格	
2	基层	89.7	合格	
3	面层	88.3	合格	
4	附属构筑物	86.2	合格	
5	道路半成品	87.5	合格	
平均合格率（%）		87.5		
评定意见	同意评为合格	评定等级	合格 （单位盖章）	

单位工程技术负责人：×××　　　　质检员：×××　　　　××年××月××日

单位工程质量评定表 之三

质评表 1

工程名称：××市××路道路工程　　　　施工单位：××市政工程有限公司

序号	部位（工序）名称	合格率（%）	质量等级	备　注
1	0+035—1+056	89.6	合格	
2	1+056—2+178	83.4	合格	
平均合格率（%）		86.5		
评定意见	同意评为合格	评定等级	合格 （单位盖章）	

单位工程技术负责人：×××　　　质检员：×××　　　××年××月××日

单位工程质量评定表 之四

质评表 1

工程名称：××市××路排水工程　　施工单位：××市政工程有限公司

序号	部位（工序）名称	合格率（%）	质量等级	备　注
1	沟槽开挖	85.1	合格	
2	平基	88.5	合格	
3	安管	89.2	合格	
4	管座	84.9	合格	
5	检查井	85.6	合格	
6	无压力管道严密性试验	100	合格	
7	回填	83.4	合格	
平均合格率（%）		88.1		
评定意见	同意评为合格	评定等级	合格 （单位盖章）	

单位工程技术负责人：×××　　质检员：×××　　××年××月××日

单位工程质量评定表 之五

质评表 1

工程名称：××市××路排水工程　　　　施工单位：××市政工程有限公司

序号	部位（工序）名称	合格率（%）	质量等级	备　注
1	污水管道	83.7	合格	
2	雨水管道	84.3	合格	
平均合格率（%）		84.0		
评定意见	同意评为合格	评定等级	合格 （单位盖章）	

单位工程技术负责人：×××　　　　质检员：×××　　　　××年××月××日

材料、构配件检查记录 之一

质检表 1

工程名称	××市××路××桥梁工程					
施工单位	××市政工程有限公司			检验日期	××年×月×日	
序号	名称	规格型号	数量	合格证号	检查记录	
					检查量	检测手段
1	HPB 235 级钢筋	ϕ20	1.5t	2003231	1	力学、化学成分
2	HRB 355 级钢筋	ϕ10	4.5t	2003232	3	力学、化学成分
3	HRB 400 级钢筋	ϕ22	5.9t	A12－575	1	力学、化学成分
4	板式支座	200mm×250mm×37mm	148 块	2003181	1	物理性能
5	板式支座	180mm×200mm×49mm	299 块	2003182	1	物理性能
6	八角形预制块	315mm×315mm×50mm	5000 块	8915	1	力学
7	石料	块石	$1200m^3$	0623	6	力学
8	砂	中砂	$200m^3$	0624	1	物理
9	水泥	普硅 32.5	21.88t	Sp－296	1	强度
10	水泥	普硅 32.5	9.92t	Sp－230	1	强度
11	水泥	普硅 32.5	10.66t	Sp－231	1	强度
12	水泥	普硅 32.5	10.32t	Sp－286	1	强度
13	水泥	普硅 32.5	10.78t	Sp－496	1	强度
14	水泥	普硅 32.5	12.28t	Sp－673	1	强度
15	水泥	普硅 32.5	10.98t	Sp－8	1	强度

检查结论

☑ 合格

☐ 不合格

监理（建设）单位	施工单位	
	质检员	材料员
×××	×××	×××

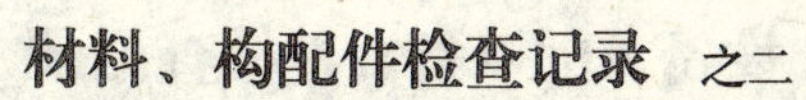

材料、构配件检查记录 之二

质检表1

工程名称	××市××路××桥梁工程					
施工单位	××市政工程有限公司			检验日期	××年×月×日	
序号	名称	规格型号	数量	合格证号	检查记录	
					检查量	检测手段
1	钢筋混凝土排水管	Φ500×4000mm	56根	0023143	1	内、外压试验
2	钢筋混凝土排水管	Φ600×4000mm	78根	0023143	1	内、外压试验
3	钢筋混凝土排水管	Φ800×3000mm	96根	0023144	1	内、外压试验
4	钢筋混凝土排水管	Φ1000×3000mm	64根	0023144	1	内、外压试验
5	钢筋混凝土排水管	Φ1200×3000mm	82根	0023144	1	内、外压试验
6	钢筋混凝土排水管	Φ1600×2500mm	35根	0023146	1	内、外压试验
7	重型铸铁窨井盖及座（雨）	Φ700	2套	001925	1	力学、化学成分
8	重型铸铁窨井盖及座（污）	Φ700	7套	001925	1	力学、化学成分
9	铸铁雨水口井盖	390mm×510mm	28套	001925	1	力学、化学成分
10	轻型铸铁窨井盖及座（雨）	Φ700	13套	001925	1	力学、化学成分
11	轻型铸铁窨井盖及座（污）	Φ700	4套	001925	1	力学、化学成分

检查结论

☑ 合格
☐ 不合格

监理（建设）单位	施工单位	
	质检员	材料员
×××	×××	×××

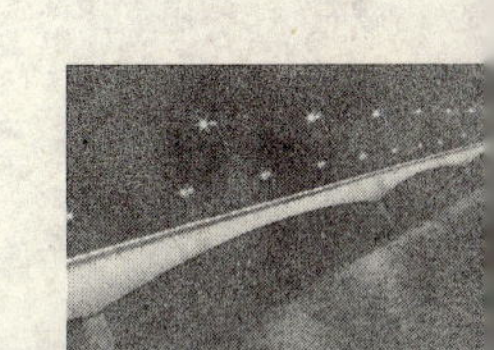

设备、配（备）件检查记录

质检表 2

工程名称：×××水泵站工程　　　　施工单位：××市政工程公司

<table>
<tr><td colspan="2">名　称</td><td colspan="3">轴流泵</td><td colspan="2">检查日期</td><td colspan="3">××年7月8日</td></tr>
<tr><td colspan="2">规格型号</td><td colspan="3">500QZ－70G（－2°）</td><td colspan="2">总数量</td><td colspan="3">3台</td></tr>
<tr><td colspan="2">编　号</td><td colspan="3">7086－01</td><td colspan="2">检查数量</td><td colspan="3">3台</td></tr>
<tr><td rowspan="4">检查记录</td><td>技术证件</td><td colspan="8">出厂合格证、说明书、性能曲线、配（备）件明细表</td></tr>
<tr><td>备件与附件</td><td colspan="8">箱体良好，开箱检查结果：配（备）件齐全，无缺损现象</td></tr>
<tr><td>外观情况</td><td colspan="8">外观良好，无损坏锈蚀情况</td></tr>
<tr><td>测试情况</td><td colspan="8">各功能与性能曲线相符</td></tr>
<tr><td rowspan="7">检查结果</td><td colspan="9">缺损附备件明细表</td></tr>
<tr><td>序号</td><td colspan="2">名　称</td><td colspan="2">规　格</td><td>单位</td><td>数量</td><td colspan="2">备注</td></tr>
<tr><td></td><td colspan="2"></td><td colspan="2"></td><td></td><td></td><td colspan="2"></td></tr>
<tr><td></td><td colspan="2"></td><td colspan="2"></td><td></td><td></td><td colspan="2"></td></tr>
<tr><td></td><td colspan="2"></td><td colspan="2"></td><td></td><td></td><td colspan="2"></td></tr>
<tr><td></td><td colspan="2"></td><td colspan="2"></td><td></td><td></td><td colspan="2"></td></tr>
<tr><td></td><td colspan="2"></td><td colspan="2"></td><td></td><td></td><td colspan="2"></td></tr>
<tr><td rowspan="4">结论</td><td rowspan="4" colspan="2">检查包装箱完整，随机文件齐全，外观良好，测试情况符合设计与规范要求。同意验收</td><td rowspan="4">供货单位</td><td rowspan="4">××材料采购中心</td><td rowspan="4">检查人员</td><td colspan="2">材料部门</td><td colspan="2">×××</td></tr>
<tr><td colspan="2">技术部门</td><td colspan="2">×××</td></tr>
<tr><td colspan="2">施工部门</td><td colspan="2">×××</td></tr>
<tr><td colspan="2">质量部门</td><td colspan="2">×××</td></tr>
</table>

预检工程检查记录 之一

质检表 3

<table>
<tr><td>工程名称</td><td colspan="2">××市××道路工程</td><td>施工单位</td><td colspan="2">××市政工程有限公司</td></tr>
<tr><td>检查项目</td><td colspan="2">混凝土路面　模板工程</td><td>预检部位</td><td colspan="2">K0+475－K0+545 南侧上下幅</td></tr>
<tr><td>预检内容</td><td colspan="5">1. 模板直顺度　　允许偏差　5mm
2. 相邻板高差　　±5mm
3. 高程　　3mm
4. 支撑牢固性、严密性</td></tr>
<tr><td>检查情况</td><td colspan="5">实测：
1. 模板直顺度　3　1　2
2. 相邻板高差　1　3　2　2　1　2　0　1
　　1　2　0　1　0　0　1　0
3. 高程
设计　5.990　6.080　6.120　6.090　6.030　5.806　5.896　5.936　5.906　5.846
实测　5.991　6.081　6.122　6.091　6.031　5.807　5.897　5.937　5.907　5.845
4. 支撑牢固，接缝严密</td></tr>
<tr><td>处理意见</td><td colspan="5"></td></tr>
<tr><td colspan="6">参加检查人员签字</td></tr>
<tr><td>施工项目技术负责人</td><td>测量员</td><td>质检员</td><td>施工员</td><td>班组长</td><td>填表人</td></tr>
<tr><td>程如新（签名）</td><td>张青（签名）</td><td>王五（签名）</td><td>张青（签名）</td><td>黄木（签名）</td><td>王五（签名）</td></tr>
</table>

预检工程检查记录 之二

质检表3

<table>
<tr><td>工程名称</td><td>××市××路××桥梁工程</td><td colspan="2">施工单位</td><td colspan="2">××市政工程有限公司</td></tr>
<tr><td>检查项目</td><td>钢外模</td><td colspan="2">预检部位</td><td colspan="2">16m空心板中板 L16－2号</td></tr>
<tr><td>预检内容</td><td colspan="5">1. 相邻板高差（允许偏差：2）
2. 表面平整度（允许偏差：3）
3. 模内尺寸（允许偏差：宽：0－10，高：0－5，长：0－5）
4. 侧向弯曲（允许偏差：1/2000，且不大于10）</td></tr>
<tr><td>检查情况</td><td colspan="5">实测情况：
1. 相邻板高差：2mm　1mm　0mm　3mm
2. 表面平整度：3mm　3mm　2mm　0mm
3. 模内尺寸：宽：设计1290　实测偏差－8
高：设计800　实测偏差－1
长：设计15960　实测偏差－2
4. 侧向弯曲：5mm
其余项目经检查均符合设计及施工规范要求</td></tr>
<tr><td>处理意见</td><td colspan="5"></td></tr>
<tr><td colspan="6">参加检查人员签字</td></tr>
<tr><td>施工项目技术负责人</td><td>测量员</td><td>质检员</td><td>施工员</td><td>班组长</td><td>填表人</td></tr>
<tr><td>程如新（签名）</td><td>张青（签名）</td><td>王五（签名）</td><td>张青（签名）</td><td>黄木（签名）</td><td>王五（签名）</td></tr>
</table>

预检工程检查记录 之三

质检表3

<table>
<tr><td>工程名称</td><td>××市××路××桥梁工程</td><td>施工单位</td><td colspan="3">××市政工程有限公司</td></tr>
<tr><td>检查项目</td><td>立柱钢模板</td><td>预检部位</td><td colspan="3">1－8号桥墩</td></tr>
<tr><td>预检内容</td><td colspan="5">1. 相邻板高差（允许偏差：2）
2. 表面平整度（允许偏差：3）
3. 垂直度（H/1500　且不大于40）
4. 模内尺寸（允许偏差：＋3　－8）
5. 模板是否松动、跑模、下沉
6. 模内是否清洁、拼缝是否严密</td></tr>
<tr><td>检查情况</td><td colspan="5">实测情况：
1. 相邻板高差：1mm　0mm　1mm　1mm
2. 表面平整度：2mm　0mm　2mm　1mm
3. 垂直度：2mm　1mm
4. 模内尺寸：直径：设计1000　实测偏差－1
高：设计3555　实测偏差－2
其余项目经检查均符合设计及施工规范要求</td></tr>
<tr><td>处理意见</td><td colspan="5"></td></tr>
<tr><td colspan="6">参加检查人员签字</td></tr>
<tr><td>施工项目
技术负责人</td><td>测量员</td><td>质检员</td><td>施工员</td><td>班组长</td><td>填表人</td></tr>
<tr><td>程如新（签名）</td><td>张青（签名）</td><td>王五（签名）</td><td>张青（签名）</td><td>黄木（签名）</td><td>王五（签名）</td></tr>
</table>

预检工程检查记录 之四

质检表 3

<table>
<tr><td>工程名称</td><td colspan="2">××市××路××桥梁工程</td><td>施工单位</td><td colspan="2">××市政工程有限公司</td></tr>
<tr><td>检查项目</td><td colspan="2">搭板钢模板</td><td>预检部位</td><td colspan="2">北侧中桥搭板（西面）</td></tr>
<tr><td>预检内容</td><td colspan="5">1. 相邻板高差（允许偏差：2）
2. 表面平整度（允许偏差：3）
3. 模内尺寸（允许偏差：宽：0－10，高：0－5，长：0－5）
4. 侧向弯曲：（允许偏差：1/1500）
5. 模板是否松动、跑模、下沉
6. 模内是否清洁、拼缝是否严密</td></tr>
<tr><td>检查情况</td><td colspan="5">实测情况：
1. 相邻板高差：2mm　0mm　0mm　1mm
2. 表面平整度：3mm　3mm　0mm　1mm
3. 模内尺寸：宽：设计 2980　实测偏差－4
高：设计 300　实测偏差－1
长：设计 15090　实测偏差－2
4. 侧向弯曲：5mm
其余项目经检查均符合设计及施工规范要求</td></tr>
<tr><td>处理意见</td><td colspan="5"></td></tr>
<tr><td colspan="6">参加检查人员签字</td></tr>
<tr><td>施工项目
技术负责人</td><td>测量员</td><td>质检员</td><td>施工员</td><td>班组长</td><td>填表人</td></tr>
<tr><td>程如新（签名）</td><td>张青（签名）</td><td>王五（签名）</td><td>张青（签名）</td><td>黄木（签名）</td><td>王五（签名）</td></tr>
</table>

隐蔽工程检查验收记录 之一

质检表4

××年6月15日

<table>
<tr><td>工程名称</td><td colspan="2">××市××路道路工程</td><td colspan="1">施工单位</td><td colspan="2">××市政工程有限公司</td></tr>
<tr><td>隐检项目</td><td colspan="2">北侧快车道土路基</td><td colspan="1">隐检范围</td><td colspan="2">K0+560—K0+800</td></tr>
<tr><td>隐检内容及检查情况</td><td colspan="5">1. 中线高程　允许偏差　±20mm
设计：5.150　5.090　5.030　4.970　4.910　4.850　4.910　4.970　5.030　5.090　5.150　5.210　5.270
实测：5.165　5.090　5.022　4.977　4.911　4.833　4.896　4.954　5.013　5.077　5.136　5.218　5.266
2. 平整度　允许偏差　20mm
实测：12　11　9　8　7　8　12　13　11　10　14　13　9
3. 宽度　允许偏差　+200mm，0
设计：13.85
实测：13.99　13.88　13.87　13.90　13.92　13.85　13.93　13.95　13.88　13.91　13.93　13.90　13.89
4. 横坡　允许偏差　±20mm且不大于±0.3%
设计：1.5%
实测：1.3%　1.4%　1.4%　1.3%　1.25%　1.6%　1.2%　1.25%　1.3%　1.1%　1.3%　1.25%　1.35%　1.2%　1.55%</td></tr>
<tr><td>验收意见</td><td colspan="5">符合有关标准的规定，经抽检复测其有关数据与实际情况相符
抽检复测数据如下：中线高程　5.165　5.218
平整度　10　2
宽度　13.95　13.86
横坡　1.2%　1.4%
同意下道工序施工。　现场驻地监理工程师：钱望（签名）</td></tr>
<tr><td>处理情况及结论</td><td colspan="5">无需要处理的问题

复查人：李勇新（签名）　××年6月16日</td></tr>
<tr><td>建设单位</td><td>监理单位</td><td>施工项目技术负责人</td><td>施工员</td><td>质检员</td><td></td></tr>
<tr><td></td><td>钱望（签名）</td><td>程如新（签名）</td><td>张青（签名）</td><td>王五（签名）</td><td></td></tr>
</table>

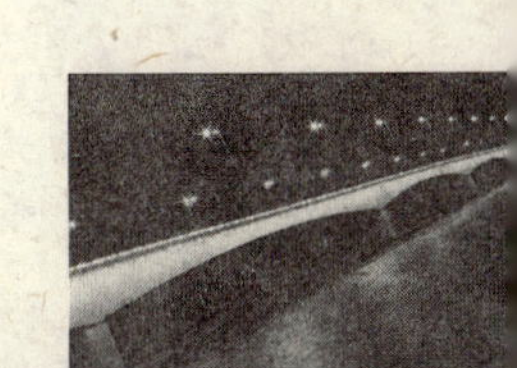

隐蔽工程检查验收记录 之二

质检表 4

××年 7 月 7 日

<table>
<tr><td>工程名称</td><td>××市××路道路工程</td><td>施工单位</td><td colspan="3">××市政工程有限公司</td></tr>
<tr><td>隐检项目</td><td>北侧快车道塘渣基层</td><td>隐检范围</td><td colspan="3">K0+560—K0+800</td></tr>
<tr><td>隐检内容及检查情况</td><td colspan="5">1. 中线高程　允许偏差　±10mm
设计：5.300　5.240　5.180　5.120　5.060　5.120　5.180　5.240　5.300　5.360　5.420　5.480
实测：5.310　5.247　5.183　5.126　5.063　5.125　5.175　5.245　5.316　5.366　5.412　5.491
2. 平整度　允许偏差　15mm
实测：10　10　9　13　11　11　8　14　10　12
3. 宽度　不小于设计规定
设计：13.35
实测：13.79　13.89　13.67　13.60　13.72　13.80　13.73　13.85　13.80　13.81
4. 横坡　允许偏差　±20mm 且不大于±0.3%
设计：1.5%
实测：1.6%　1.4%　1.6%　1.7%　1.25%　1.3%　1.6%　1.5%　1.75%　1.35%　1.4%　1.6%1.35%　1.5%　1.45%　1.5%　1.3%　1.5%　1.45%　1.6%
5. 厚度：　设计 30cm，　允许偏差　10%
实测：28　29　31　30　31.5　32　32.5　29　29.5　31</td></tr>
<tr><td>验收意见</td><td colspan="5">符合有关标准的规定，经抽检复测其有关数据与实际情况相符
抽检复测数据如下：中线高程　5.316　5.248　5.182　5.123　5.062
平整度　10　9　11
同意下道工序施工。
现场驻地监理工程师：钱望（签名）</td></tr>
<tr><td>处理情况及结论</td><td colspan="5">无需要处理的问题。

复查人：李勇新（签名）××年 7 月 7 日</td></tr>
<tr><td>建设单位</td><td>监理单位</td><td>施工项目技术负责人</td><td>施工员</td><td>质检员</td><td></td></tr>
<tr><td></td><td>钱望（签名）</td><td>程如新（签名）</td><td>张青（签名）</td><td>王五（签名）</td><td></td></tr>
</table>

隐蔽工程检查验收记录 之三　　　　质检表 4

××年 8 月 18 日

<table>
<tr><td>工程名称</td><td>××市××路道路工程</td><td>施工单位</td><td colspan="3">××市政工程有限公司</td></tr>
<tr><td>隐检项目</td><td>北侧快车道三渣基层</td><td>隐检范围</td><td colspan="3">K0 + 480—K0 + 800</td></tr>
<tr><td>隐检内容及检查情况</td><td colspan="5">1. 中线高程　允许偏差　±20mm
设计：5.770　5.870　5.750　5.630　5.510　5.510　5.630　5.750　5.870
实测：5.763　5.862　5.741　5.618　5.513　5.500　5.621　5.738　5.861
2. 平整度　允许偏差　10mm
实测：2　6　7　5　8　3　5　8　6　4　2　6
3. 宽度　不少于设计规定
设计：13.35
实测：13.40　13.47　13.42　13.43　13.36　13.41　13.42　13.41　13.41　13.50　13.38
4. 横坡　允许偏差　±20mm 且不大于±0.3%
设计：1.5%
实测：1.5%　1.6%　1.3%　1.35%　1.7%　1.5%　1.3%　1.55%　1.4%　1.65%
1.55%　1.6%　1.75%　1.3%　1.4%
5. 厚度：　设计 30cm，　允许偏差　±10mm
实测：29.8　30.2　29.1　29.3　30.3　29.7　30.6　30.3　30.5　30.1cm</td></tr>
<tr><td>验收意见</td><td colspan="5">符合有关标准的规定，经抽检复测其有关数据与实际情况相符
抽检复测数据如下：中线高程　设计：　5.570　5.450　5.690
实测：　5.578　5.480　5.678
同意下道工序施工。
现场驻地监理工程师：钱望（签名）</td></tr>
<tr><td>处理情况及结论</td><td colspan="5">无需要处理的问题。

复查人：李勇新（签名）××年 8 月 18 日</td></tr>
<tr><td>建设单位</td><td>监理单位</td><td>施工项目技术负责人</td><td>施工员</td><td>质检员</td><td></td></tr>
<tr><td></td><td>钱望（签名）</td><td>程如新（签名）</td><td>张青（签名）</td><td>王五（签名）</td><td></td></tr>
</table>

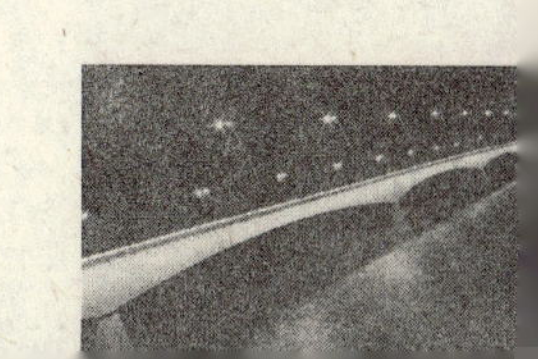

隐蔽工程检查验收记录 之四

质检表4

××年9月20日

<table>
<tr><td>工程名称</td><td>××市××路排水工程</td><td>施工单位</td><td colspan="3">××市政工程有限公司</td></tr>
<tr><td>隐检项目</td><td>沟槽</td><td>隐检范围</td><td colspan="3">Y142—Y141</td></tr>
<tr><td>隐检内容及检查情况</td><td colspan="5">1. 槽底高程：允许偏差 0，－30
设计 3.947 3.697 3.451
实测 3.921 3.678 3.423
2. 槽底中线每侧宽度：允许偏差 不小于规定
设计 1800（每侧900）
实测 915 910 920 915 910 905
3. 两侧边坡 允许偏差 不陡于规定
设计 1∶0.25
实测 1∶0.28 1∶0.25 1∶0.27 1∶0.30 1∶0.29 1∶0.26</td></tr>
<tr><td>验收意见</td><td colspan="5">经沟底高程复测，实测数据分别为：3.921 3.678 3.452 与所测数基本吻合
同意下道工序施工。
现场驻地监理工程师：钱望（签名）</td></tr>
<tr><td>处理情况及结论</td><td colspan="5">无需要处理的问题。
复查人：李勇新（签名）××年9月20日</td></tr>
<tr><td>建设单位</td><td>监理单位</td><td>施工项目技术负责人</td><td>施工员</td><td>质检员</td><td></td></tr>
<tr><td></td><td>钱望（签名）</td><td>程如新（签名）</td><td>张青（签名）</td><td>王五（签名）</td><td></td></tr>
</table>

隐蔽工程检查验收记录 之五　　　　质检表4

××年5月6日

工程名称	××市××路排水工程	施工单位	××市政工程有限公司		
隐检项目	碎石垫层	隐检范围	Y133—Y134—Y135		
隐检内容及检查情况	1. 高程：允许偏差 0，－15 设计　2.805　2.845　2.785 实测　2.800　2.837　2.778 2. 中线每侧宽度：允许偏差　不小于规定 设计　（每侧868） 实测　871　875　879　880　876　874				
验收意见	经高程复测，实测数据分别为：　2.800　2.837　2.778 与所测数吻合，同意下道工序施工。 现场驻地监理工程师：钱望（签名）				
处理情况及结论	无需要处理的问题。 复查人：李勇新（签名）××年5月6日				
建设单位	监理单位	施工项目技术负责人	施工员	质检员	
	钱望（签名）	程如新（签名）	张青（签名）	王五（签名）	

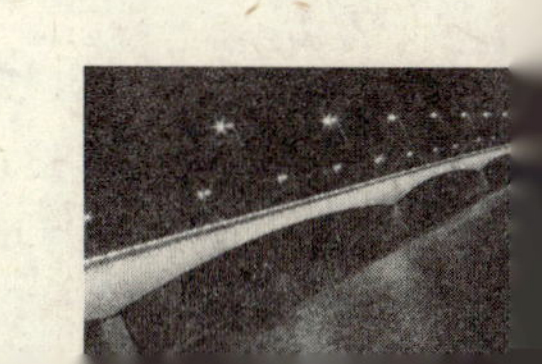

隐蔽工程检查验收记录 之六

质检表 4

××年 9 月 20 日

<table>
<tr><td>工程名称</td><td colspan="2">××市××路排水工程</td><td colspan="2">施工单位</td><td>××市政工程有限公司</td></tr>
<tr><td>隐检项目</td><td colspan="2">DN800 管道平基钢筋安装</td><td colspan="2">隐检范围</td><td>Y142—Y143</td></tr>
<tr><td>隐检内容及检查情况</td><td colspan="5">1. 受力钢筋间距　允许偏差：±20
设计　20cm
实测（5 档）　1015　990　1005　995
2. 箍筋间距　允许偏差：±20
设计　20cm
实测（5 档）　998　1006　995　990　1005
3. 保护层厚度　允许偏差：±10
设计　3cm
实测　2.5　2.6　2.9　2.8　2.7</td></tr>
<tr><td>验收意见</td><td colspan="5">经抽检复测，实测数据：
箍筋间距：　998　1006　995　990　1005
保护层厚度　2.5　2.6　2.9　2.8　2.7　　与所测数基本吻合
同意下道工序施工。
现场驻地监理工程师：钱望（签名）</td></tr>
<tr><td>处理情况及结论</td><td colspan="5">无需要处理的问题。

复查人：李勇新（签名）××年 9 月 20 日</td></tr>
<tr><td>建设单位</td><td>监理单位</td><td>施工项目
技术负责人</td><td>施工员</td><td>质检员</td><td></td></tr>
<tr><td></td><td>钱望（签名）</td><td>程如新（签名）</td><td>张青（签名）</td><td>王五（签名）</td><td></td></tr>
</table>

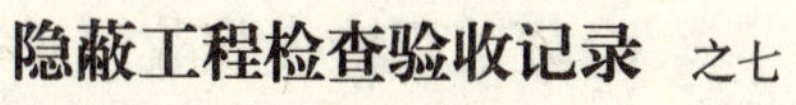

隐蔽工程检查验收记录 之七

质检表4

××年1月13日

工程名称	××市××路排水工程	施工单位	××市政工程有限公司
隐检项目	*DN*800管道　平基	隐检范围	Y99—Y100
隐检内容及检查情况	1. 中线高程：允许偏差　0，－15 设计　1.902　1.872　1.842　1.866 实测　1.896　1.860　1.838　1.864 2. 中线每侧宽度：允许偏差　0，+10 设计　（每侧602） 实测　610　608　602　603　607　610　609　608 3. 厚度：　允许偏差　不小于设计规定 设计　80mm 实测　80　82　84　82		
验收意见	经高程复测，实测数据为：1.896　1.860　1.838　1.864　与所测数基本吻合 同意下道工序施工。 现场驻地监理工程师：钱望（签名）		
处理情况及结论	无需要处理的问题。 复查人：李勇新（签名）××年1月13日		

建设单位	监理单位	施工项目技术负责人	施工员	质检员	
	钱望（签名）	程如新（签名）	张青（签名）	王五（签名）	

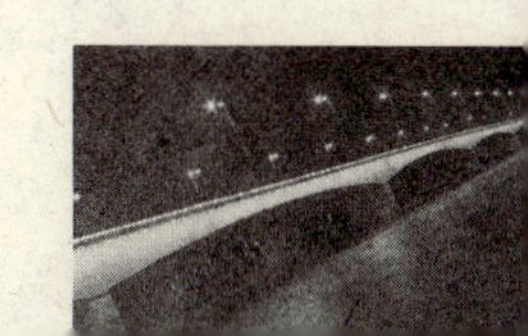

隐蔽工程检查验收记录 之八

质检表 4

××年 9 月 26 日

<table>
<tr><td>工程名称</td><td colspan="2">××市××路排水工程</td><td>施工单位</td><td colspan="2">××市政工程有限公司</td></tr>
<tr><td>隐检项目</td><td colspan="2">DN800 安管</td><td>隐检范围</td><td colspan="2">Y142—141</td></tr>
<tr><td>隐检内容及检查情况</td><td colspan="5">1. 中线位移 允许偏差 15
实测 4 5
2. 管内底高程 允许偏差 ±10
设计 4.288 4.042
实测 4.289 4.040
3. 相邻管内底错口 允许偏差 3
实测 2 2 1</td></tr>
<tr><td>验收意见</td><td colspan="5">经高程复测，实测数据分别为：4.289 4.040 与所测数吻合
同意下道工序施工。
现场驻地监理工程师：钱望（签名）</td></tr>
<tr><td>处理情况及结论</td><td colspan="5">无需要处理的问题。
复查人：李勇新（签名）××年 9 月 29 日</td></tr>
<tr><td>建设单位</td><td>监理单位</td><td>施工项目技术负责人</td><td>施工员</td><td>质检员</td><td></td></tr>
<tr><td></td><td>钱望（签名）</td><td>程如新（签名）</td><td>张青（签名）</td><td>王五（签名）</td><td></td></tr>
</table>

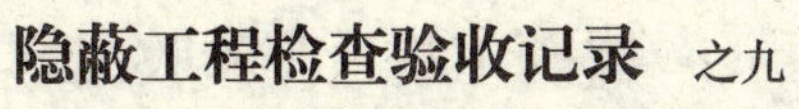

隐蔽工程检查验收记录 之九　　　　质检表4

××年9月29日

<table>
<tr><td>工程名称</td><td colspan="2">××市××路排水工程</td><td>施工单位</td><td colspan="2">××市政工程有限公司</td></tr>
<tr><td>隐检项目</td><td colspan="2">DN800　管座</td><td>隐检范围</td><td colspan="2">Y142—141</td></tr>
<tr><td>隐检内容及检查情况</td><td colspan="5">1. 肩宽　　允许偏差　+10，-5
设计　71mm
实测　72　73　74　72
2. 肩高　　允许偏差　±20
设计　303
实测　306　304　306　303
3. 蜂窝面积　　允许偏差　≤1%
实测　0　　0.4%</td></tr>
<tr><td>验收意见</td><td colspan="5">经检测肩宽、肩高数据与所测数基本吻合
同意下道工序施工。
现场驻地监理工程师：钱望（签名）</td></tr>
<tr><td>处理情况及结论</td><td colspan="5">无需要处理的问题。

复查人：李勇新（签名）××年9月29日</td></tr>
<tr><td>建设单位</td><td>监理单位</td><td>施工项目技术负责人</td><td>施工员</td><td>质检员</td><td></td></tr>
<tr><td></td><td>钱望（签名）</td><td>程如新（签名）</td><td>张青（签名）</td><td>王五（签名）</td><td></td></tr>
</table>

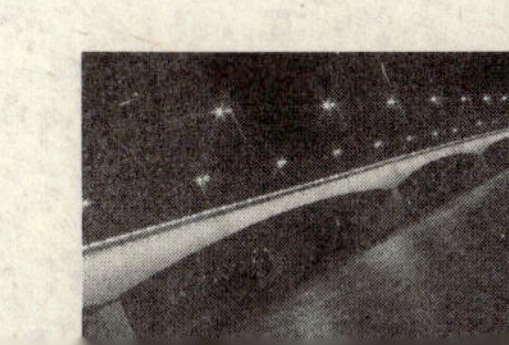

隐蔽工程检查验收记录 之十

质检表4

××年9月15日

<table>
<tr><td>工程名称</td><td colspan="2">××市××路桥梁工程</td><td>施工单位</td><td colspan="2">××市政工程有限公司</td></tr>
<tr><td>隐检项目</td><td colspan="2">钢筋安装</td><td>隐检范围</td><td colspan="2">桥墩桩基2—7#</td></tr>
<tr><td>隐检内容及检查情况</td><td colspan="5">1. 钢筋的级别、钢种、根数，直径经检查符合设计要求
2. 骨架的长度：设计11720mm，实测偏差值为：－3，－5，－8（允许偏差：＋5，－10）
直径：设计Φ1368mm，实测偏差值为：－6，2，－2（允许偏差：＋5，－10）
3. 受力钢筋间距：实测偏差值为：＋2，＋22，－6，－5
4. 箍筋间距：实测偏差值为：＋2，＋5，－6，＋2，－12
5. 保护层厚度：实测偏差值为：＋3，－6，＋4，＋5，＋4，＋1</td></tr>
<tr><td>验收意见</td><td colspan="5">经检测符合设计及规范要求，同意下道工序施工。
现场驻地监理工程师：钱望（签名）</td></tr>
<tr><td>处理情况及结论</td><td colspan="5">无需要处理的问题。
复查人：李勇新（签名）××年9月15日</td></tr>
<tr><td>建设单位</td><td>监理单位</td><td>施工项目
技术负责人</td><td>施工员</td><td>质检员</td><td></td></tr>
<tr><td></td><td>钱望（签名）</td><td>程如新（签名）</td><td>张青（签名）</td><td>王五（签名）</td><td></td></tr>
</table>

焊缝质量综合评级汇总表 之一

质检表6

<table>
<tr><td colspan="2">施工单位</td><td colspan="8">××机电设备安装有限公司</td></tr>
<tr><td colspan="2">工程名称</td><td colspan="8">××市××路燃气工程</td></tr>
<tr><td colspan="2">工程部位（桩号）</td><td colspan="3">1+980—××路</td><td colspan="2">要求焊缝等级</td><td colspan="3">GB50236—98 Ⅲ级</td></tr>
<tr><td rowspan="2">序号</td><td rowspan="2">焊缝编号</td><td rowspan="2">焊工代号</td><td rowspan="2">焊接日期</td><td rowspan="2">外观质量</td><td colspan="2">内部质量等级</td><td rowspan="2">焊缝质量综合评价</td><td rowspan="2" colspan="2">备注</td></tr>
<tr><td>射线</td><td>超声</td></tr>
<tr><td>1</td><td>79</td><td>33</td><td>03/10/06</td><td>Ⅱ级</td><td>Ⅱ级</td><td></td><td>表面、内部合格</td><td colspan="2">FCJ-6号</td></tr>
<tr><td>2</td><td>80</td><td>33</td><td>03/10/06</td><td>Ⅰ级</td><td></td><td></td><td></td><td colspan="2"></td></tr>
<tr><td>3</td><td>81</td><td>33</td><td>03/10/06</td><td>Ⅱ级</td><td></td><td></td><td></td><td colspan="2"></td></tr>
<tr><td>4</td><td>82</td><td>33</td><td>03/10/06</td><td>Ⅰ级</td><td>Ⅱ级</td><td></td><td>表面、内部合格</td><td colspan="2">FCJ-7号</td></tr>
<tr><td>5</td><td>83</td><td>34</td><td>03/10/06</td><td>Ⅱ级</td><td></td><td></td><td></td><td colspan="2"></td></tr>
<tr><td>6</td><td>84</td><td>34</td><td>03/11/16</td><td>Ⅱ级</td><td></td><td></td><td></td><td colspan="2"></td></tr>
<tr><td>7</td><td>85</td><td>34</td><td>03/11/16</td><td>Ⅱ级</td><td></td><td></td><td></td><td colspan="2"></td></tr>
<tr><td>8</td><td>86</td><td>33</td><td>03/11/16</td><td>Ⅱ级</td><td></td><td></td><td></td><td colspan="2"></td></tr>
<tr><td>9</td><td>87</td><td>33</td><td>03/11/16</td><td>Ⅰ级</td><td></td><td></td><td></td><td colspan="2"></td></tr>
<tr><td>10</td><td>88</td><td>33</td><td>03/11/16</td><td>Ⅱ级</td><td></td><td></td><td></td><td colspan="2"></td></tr>
<tr><td>11</td><td>89</td><td>34</td><td>03/11/16</td><td>Ⅰ级</td><td></td><td></td><td></td><td colspan="2"></td></tr>
<tr><td>12</td><td>90</td><td>33</td><td>03/11/16</td><td>Ⅱ级</td><td></td><td></td><td></td><td colspan="2"></td></tr>
<tr><td>13</td><td>91</td><td>34</td><td>03/11/16</td><td>Ⅱ级</td><td>Ⅲ级</td><td></td><td>表面、内部合格</td><td colspan="2">FCJ-28号</td></tr>
<tr><td>14</td><td>92</td><td>34</td><td>03/11/16</td><td>Ⅱ级</td><td></td><td></td><td>外观质量合格</td><td colspan="2"></td></tr>
<tr><td>15</td><td>93</td><td>34</td><td>03/11/16</td><td>Ⅱ级</td><td></td><td></td><td>外观质量合格</td><td colspan="2"></td></tr>
<tr><td>16</td><td>94</td><td>34</td><td>03/11/16</td><td>Ⅰ级</td><td>Ⅱ级</td><td></td><td>表面、内部合格</td><td colspan="2">FCJ-33号</td></tr>
<tr><td>17</td><td>95</td><td>33</td><td>03/11/16</td><td>Ⅱ级</td><td></td><td></td><td>外观质量合格</td><td colspan="2"></td></tr>
<tr><td>18</td><td>96</td><td>33</td><td>03/11/16</td><td>Ⅱ级</td><td></td><td></td><td>外观质量合格</td><td colspan="2"></td></tr>
<tr><td>19</td><td>97</td><td>34</td><td>03/11/16</td><td>Ⅱ级</td><td>Ⅱ级</td><td></td><td>表面、内部合格</td><td colspan="2">FCJ-34号</td></tr>
<tr><td>20</td><td>98</td><td>33</td><td>03/11/16</td><td>Ⅱ级</td><td>Ⅰ级</td><td></td><td>表面、内部合格</td><td colspan="2">FCJ-35号</td></tr>
<tr><td>21</td><td>99</td><td>33</td><td>03/11/16</td><td>Ⅰ级</td><td>Ⅰ级</td><td></td><td>表面、内部合格</td><td colspan="2">FCJ-36号</td></tr>
<tr><td>22</td><td>100</td><td>34</td><td></td><td>Ⅱ级</td><td></td><td></td><td>外观质量合格</td><td colspan="2"></td></tr>
<tr><td></td><td></td><td></td><td></td><td></td><td></td><td></td><td></td><td colspan="2"></td></tr>
<tr><td></td><td></td><td></td><td></td><td></td><td></td><td></td><td></td><td colspan="2"></td></tr>
<tr><td></td><td></td><td></td><td></td><td></td><td></td><td></td><td></td><td colspan="2"></td></tr>
<tr><td></td><td></td><td></td><td></td><td></td><td></td><td></td><td></td><td colspan="2"></td></tr>
<tr><td colspan="2">施工项目技术负责人</td><td>×××</td><td>填表人</td><td>×××</td><td colspan="2">填表日期</td><td colspan="3">××××年××月××日</td></tr>
</table>

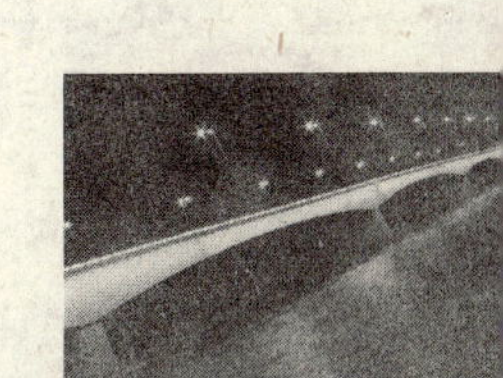

焊缝质量综合评级汇总表 之二

质检表 6

施工单位		××机电设备安装有限公司						
工程名称		××市××路燃气工程						
工程部位（桩号）		1+980—××路			要求焊缝等级		GB50236—98 Ⅲ级	
序号	焊缝编号	焊工代号	焊接日期	外观质量	内部质量等级		焊缝质量综合评价	备注
					射线	超声		
1	DN200-1	33	03/10/29	Ⅱ			外观质量合格	
2	DN200-2	33	03/10/29	Ⅰ			外观质量合格	
3	DN200-3	34	03/10/29	Ⅱ			外观质量合格	
4	DN200-4	34	03/10/29	Ⅱ			外观质量合格	
5	DN200-5	33	03/10/29	Ⅰ	Ⅰ		表面、内部合格	FCJ-1号
6	DN200-6	33	03/10/29	Ⅱ			外观质量合格	
7	DN200-7	34	03/10/29	Ⅰ			外观质量合格	
8	DN200-8	33	03/10/29	Ⅰ	Ⅰ		表面、内部合格	FCJ-2号
9	DN200-9	33	03/10/29	Ⅱ	Ⅱ		表面、内部合格	FCJ-3号
10	DN200-10	34	03/10/29	Ⅱ			外观质量合格	
11	DN200-11	34	03/10/29	Ⅱ			外观质量合格	

施工项目技术负责人	×××	填表人	×××	填表日期	××××年××月××日

防腐层质量检查记录 之一

质检表7

工程名称：××路DN600自来水管道

施工单位：××市政工程公司　　检查日期：　××年8月10日

起止桩号 设备名称	K0+023-K0+756	管道长度（m）	733
防腐材料	环氧煤沥青涂层	防腐等级	特加强级（四油二布）
执行标准	GB50268—97	管道（设备）规格（mm）	DN600
设计最小厚度	0.6mm	设计绝缘电压	5kV

检查情况	内容	检查人
检查情况	厚度检查（最小值）：（每20根管）抽检一根管，每根管检查三个断面，每个断面检查4个点，抽检结果：厚度最小值为0.62mm	检查人： ××× （签名）
	电绝缘性检查：用电火花检漏仪5kV电压，按0.2m/s速度检漏，无打火花现象	检查人： ××× （签名）
	外观检查： 防腐层表面均匀无褶皱、空泡、凝块	检查人： ××× （签名）
	粘结力检查： 用力撕开切口，切口处防腐层粘附良好，未露金属表面	检查人： ××× （签名）

综合结论

合格

建设单位	监理单位	设计单位	施工单位		
×××	×××		×××		

防腐层质量检查记录 之二

质检表7

工程名称：××市××路中压煤气管道

施工单位：××安装工程公司　　检查日期：　年　月　日

起止桩号 设备名称		管道长度（m）	
防腐材料	聚乙烯胶粘带防腐层	防腐等级	加强级
执行标准	SY/T 0414—98	管道（设备） 规格（mm）	ϕ325×8
设计最小厚度	1.4mm	设计绝缘电压	9.28kV
检查情况	厚度检查（最小值）： （每20根管）抽检一根管，每根管检查三个断面，每个断面检查4个点，抽检结果：厚度最小值为1.5mm	检查人： ××× （签名）	
	电绝缘性检查： 用电火花检漏仪9.5kV电压，按0.3m/s速度检漏，无打火花现象	检查人： ××× （签名）	
	外观检查： 防腐层表面平整、搭接均匀无褶皱、破损、无永久性气泡	检查人： ××× （签名）	
	粘结力检查： 环向切开10mm宽，100mm长，用弹簧秤与管壁成90°，并以300mm/min速度撕开切口，防腐层粘附良好，剥离强度超过18N/cm	检查人： ××× （签名）	
综合结论 合格			

建设单位	监理单位	设计单位	施工单位		
×××	×××		×××		

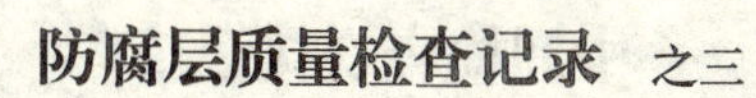

防腐层质量检查记录 之三

质检表 7

工程名称：××市××路燃气工程

施工单位：××机电设备安装有限公司　　　　检查日期：03 年 10 月 26 日

起止桩号 设备名称	2+965.3-3+069 焊口补口	管道长度（m）	2.2m^2
防腐材料	环氧粉末、聚乙烯胶粘带	防腐等级	加强级
执行标准	SY/T0315—97	管道（设备） 规格（mm）	ϕ219×6
设计最小厚度	400μm	设计绝缘电压	2kV

检查情况	厚度检查（最小值）： 环氧粉末　435μm 聚乙烯胶粘带　1.4mm	检查人： ×××
	电绝缘性检查： 经电火花检漏仪 2kV 电压检漏，无打火花现象	检查人： ×××
	外观检查： 环氧粉末　平整、光滑，无流淌现象 聚乙烯胶粘带　表面平整、搭接均匀无褶皱、破损、无永久性气泡	检查人： ×××
	粘结力检查： 环氧涂层，不易被撬剥下来，符合 1 级附着力要求 聚乙烯胶粘带，粘结力 > 18N/cm	检查人： ×××

综合结论

合格

建设单位	监理单位	设计单位	施工单位		
×××	×××		×××		

中间检查交接记录

质检表 10

<table>
<tr><td>工程名称</td><td>××市××泵站工程</td><td>分部（或部位）工程</td><td>设备基础、预留孔预埋件</td></tr>
<tr><td>工序名称</td><td>混凝土浇筑</td><td>开工日期</td><td>××年×月×日</td></tr>
<tr><td>工程地点</td><td>××路与××路交叉口西北角</td><td>交验日期</td><td>××年×月×日</td></tr>
<tr><td>交验简要说明</td><td colspan="3">水泵基础轴线位置、尺寸、混凝土强度及浇筑质量，起重设备预埋件位置及尺寸，拦污机械格栅预埋件位置及尺寸，变压器基础轴线位置、尺寸及混凝土浇筑质量，配电盘进出线槽尺寸及安装预埋件位置</td></tr>
<tr><td>遗留问题</td><td colspan="3"></td></tr>
<tr><td>验收意见</td><td colspan="3">水泵基础轴线位置正确，强度达标，表面平整，无蜂窝麻面。起重设备预埋件位置正确偏差在允许范围内。拦污机械格栅预埋件位置正确，变压器基础轴线位置正确、尺寸符合设计安装要求，表面平整，配电盘进出线槽尺寸符合设计要求，预埋件位置正确。符合安装要求。可以接收，并进行设备安装</td></tr>
<tr><td>建设单位
代　　表
×××
（公章）
年　月　日</td><td>监理单位
代　　表
×××
（公章）
年　月　日</td><td>施工单位（交方）
代　　表
×××
（公章）
年　月　日</td><td>施工单位（接方）
代　　表
×××
（公章）
年　月　日</td></tr>
</table>

主要原材料及构配件出厂证明及复试报告目录

试验表 1

共 5 页

工程名称：××市××路××桥梁　　施工单位：××市××市政工程公司　　第 1 页

名称	品种	型号（规格）	代表数量	单位	使用部位	出厂证或出厂试验单编号	进场复试报告编号	见证记录编号	备注
Ⅰ级钢筋	Q235	20	1.5	t	桥梁梁板	2003231	03-25	G01-03	
Ⅰ级 钢 筋	Q235	10	4.5	t	桥梁梁板	2003232	03-32	G01-04	
Ⅲ级 钢 筋	20MnSi	22	5.9	t	桥梁梁板	A12-575	03-56	G01-05	
板式支座	橡胶	200×250×37	148	块	桥梁	2003181	X1-1	B11-08	
板式支座	橡胶	180×200×49	299	块	桥梁	2003182	X1-2	B11-09	
八角形预制块	水泥	315×315×50	5000	块	人行道	8915			
水泥	普硅	32.5	21.88t	t	道路面层	Sp-296	HS0311	S01-05	
水泥	普硅	32.5	9.92t	t	道路面层	Sp-230	HS0312	S02-01	
水泥	普硅	32.5	10.66t	t	道路面层	Sp-231	HS0313	S02-02	
水泥	普硅	32.5	10.32t	t	道路面层	Sp-286	HS0314	S02-03	
水泥	普硅	32.5	10.78t	t	道路面层	Sp-496	HS0315	S02-04	
水泥	普硅	32.5	12.28t	t	道路面层	Sp-673	HS0316	S02-05	
水泥	普硅	32.5	10.98t	t	道路面层	Sp-8	HS0317	S02-06	

有见证试验汇总表

试验表 2

工程名称：××市××路××桥梁工程

施工单位：××市政工程有限公司

建设单位：××××工程指挥部

监理单位：××建设监理公司

见证人：吴玉林

试验室名称：××建设工程测试中心

试验项目	应送试件总组数	有见证试验组数	不合格组数	备注
普硅水泥	4	4	无	
钢筋	47	47	无	
砂浆试块	22	22	无	
混凝土 抗压强度试块	278	278	无	
普通黏土砖	2	2	无	
混凝土抗折强度试块	76	76	无	
土方压实度	156	47	无	

注：此表由施工单位汇总填写。

制表人：×××　　××年10月28日

见证记录

试验表 3

编号：05A1325－007

工程名称：××市××路桥梁工程

取样部位：××市××路桥梁工程　梁板

样品名称：C30 混凝土抗压强度试块　　取样数量：1 组

取样地点：梁板浇筑处　　取样日期：××年 10 月 7 日

见证记录：

混凝土试块配比为 1:0.42:1.416:2.124，计量准确。取样地点，试块制作符合规范要求。

有见证取样和送检印章：××市政建设监理公司监理章××号

取样人签字：李二水（签字）

见证人签字：吴玉林（签字）

填制本记录日期：××年 10 月 7 日

水泥试验报告

试验表 4

试验编号：hs0413

委托单位：××市政工程有限公司　　工程名称：××市××路××桥梁工程

水泥品种及强度等级：P·O 42.5　　厂别及牌号：××水泥厂

出厂日期：××年05月21日　　取样日期：××年07月20日

出厂编号：SP—175　　代表数量：200t　　试验委托人：×××

（一）细度：0.08mm 筛筛余 5.8%

（二）标准稠度：25.9%

（三）凝结时间　初凝 3 h 57 min

终凝 5 h 09 min

（四）安定性：沸煮法：合格　　（五）胶砂流动度：＿＿＿＿

（六）其他

（七）强度

类别＼龄期	3天	28天	快测	备注
抗折强度（MPa）	4.8	8		
抗压强度（MPa）	22.8	45.5		

结论：经测试，以上所检项目均符合 GB1344—1999 标准中普硅强度等级 32.5 水泥的要求。本次检测非全项试验。

负责人：×××　审核：×××　计算：×××　试验：×××

试验日期：××年07月21日－××年08月18日

报告日期：××年08月18日

砂子试验报告

试验表 5

试验编号 03—19

委托单位：××市政工程有限公司　　试验委托人：×××

工程名称：××市××道路工程　　砂子产地：獐山

收样日期：××年07月20日　　试验日期：××年07月22日

一、筛分析：1. Mx 2.46	
2. 颗粒级配 5/6.1，2.5/16.6，1.25/27.7，0.63/40.5，0.315/80.3，0.16/94.1	
二、表观密度 2.56 g/cm^3	三、紧密密度 1.54 g/cm^3
四、堆积密度 1.42 g/cm^3	五、含泥量 1.1 %
六、泥块含量 0.7%	七、吸水率 ____ %
八、含水率 3.5 %	九、轻物质含量 ____ %
十、坚固性（重量损失）____ %	十一、有机物含量 ____ %
十二、云母含量 ____ %	十三、碱活性 ____ %

结论	来样测试结果符合 JGJ52—92 标准，属中砂

负责人：×××　　审核：×××　　计算：×××　　试验：×××

报告日期：××年07月23日

石子试验报告

试验表 6

试验编号 2003071B0015－007

委托单位：××市政工程有限公司　　试验委托人：×××

工程名称：××市××道路工程　　砂子产地：獐山

收样日期：××年 07 月 20 日　　试验日期：××年 07 月 22 日

一、筛分析 40/1.9，20/54.3，10/91.1，5/99.9	二、表观密度 2.64 g/cm^3
三、堆积密度______ g/cm^3	四、紧密密度______ g/cm^3
五、含泥量 0.5 %	六、泥块含量 0.5 %
七、有机物含量______ %	八、针片状含量 1.2 %
九、压碎指标值 5.7 %	十、坚固性（重量损失）______ %
十一、含水率______ %	十二、吸水率______ %
十三、碱活性检验______ %	

结论	来样测试结果符合 JGJ53—92 要求

负责人：×××　　审核：×××　　计算：×××　　试验：×××

报告日期：××年 07 月 23 日

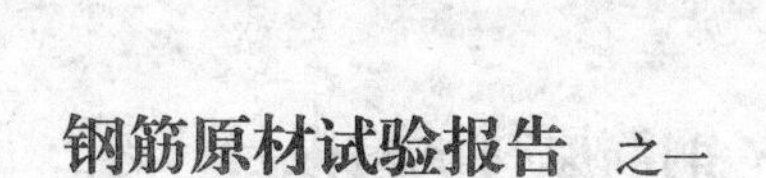

钢筋原材试验报告 之一

试验表 7

试验编号：03－47

委托单位：××市政工程有限公司　　试验委托人：×××

工程名称：××市××路××桥梁工程　　部位：梁板

钢材种类：Q235　　级别规格：ϕ8、ϕ10　　牌号：　　产地：上海

试件代表数量：45t、56t　　来样日期：××年8月8日　　试验日期：××年8月9日

一、力学试验结果：

试件编号	规格	截面积（mm^2）	屈服点（N/mm^2）	极限强度（N/mm^2）	伸长度（%）	冷弯试验		
						弯心直径（mm）	角度	评定
01	ϕ8	50.27	328.2	497.3	32.5	8	180°	合格
			338.1	507.3	35.0	8	180°	合格
02	ϕ10	78.54	280.1	420.2	30.0	10	180°	合格
			273.7	413.8	32.0	10	180°	合格

二、化学分析结果：

试件编号	分析编号	化学成分分析					
		C%	S%	P%	Mn%	Si%	

注：用于结构时，根据规范及设计要求计算 σ_b/σ_s 和 $\sigma_s/\sigma_{s标}$。

结论：来样测试结果 ϕ8 达到 GB701—97 盘圆钢筋标准

ϕ10 达到　GB13013—91　Ⅰ级钢筋标准。两项检验全部合格。

负责人：×××　　审核：×××　　计算：×××　　试验：×××

报告日期：××年8月10日

钢筋原材试验报告 之二

试验表7

试验编号：00－48

委托单位：××市政工程有限公司　　试验委托人：×××

工程名称：××市××路××桥梁工程　　部位：梁板

钢材种类：HRB335（20MnSi）　级别规格：ϕ12、ϕ22　牌号：　　产地：杭州

试件代表数量：36.72t　来样日期：××年8月8日　试验日期：××年8月9日

一、力学试验结果：

试件编号	规格	截面积 (mm^2)	屈服点 (N/mm^2)	极限强度 (N/mm^2)	伸长度 (%)	冷弯试验		
						弯心直径 (mm)	角度	评定
1	ϕ12	113.1	380.2	530.5	30.0	36	180°	合格
			384.6	539.3	31.7	36	180°	合格
2	ϕ22	380.1	386.7	549.9	25.4	66	180°	合格
			389.4	555.6	26.4	66	180°	合格

二、化学分析结果：

试件编号	分析编号	化学成分分析					
		C%	S%	P%	Mn%	Si%	

注：用于结构时，根据规范及设计要求计算 σ_b/σ_s 和 $\sigma_s/\sigma_{s标}$。

结论：来样测试结果，达到GB1499—98Ⅱ级钢筋标准，合格。

负责人：×××　审核：×××　计算：×××　试验：×××

报告日期：××年8月10日

市政工程施工技术资料管理与编制范例

钢筋机械接头试验报告

试验表 8

试验编号________

委托单位：××市政工程有限公司　试验委托人：×××　来样日期：××年6月3日

工程名称：××市××路××桥梁工程　部位：梁板

钢材种类：HRB335　级别及规格：20mm　牌号：________

产地：杭州　接头型式：滚轧直螺纹连接　接头等级：A级

代表数量：300个　检验类别：拉伸

操作人：×××　试验日期：××年6月3日

试件编号	钢筋公称直径 D（mm）	实测钢筋横截面积 A_8^0(mm²)	钢筋母材屈服强度标准值 f_{yk}（N/mm²）	钢筋母材抗拉强度标准值 f_{ik}（N/m²）	钢筋母材抗拉强度实测值 f_{st}^0（N/m²）	接头试件抗拉强度实测值 $f_{mst}^0 = P/A^0$	接头破坏形态
01		314.2	335	510	600	595	母材拉断
02	20	314.2	335	510	595	600	母材拉断
03		314.2	335	510	605	605	母材拉断
04		314.2	335	510	600	600	母材拉断
05	20	314.2	335	510	605	595	母材拉断
06		314.2	335	510	595	605	母材拉断
备注	1. A级接头：f^0mst≥f_{lk}（工艺检验时，A级接头还应满足f^0mst≥0.9f^0st） B级接头：f ^{0}mst≥1.35f $_{yk}$ 2. 实测钢筋横截面面积 A_8^0 用称重法确定						

结论：根据 JGJ107－2003 标准，符合滚螺纹 A 级接头性能。

负责人：×××　审核：×××　计算：×××　试验：×××

报告日期：××年6月4日

钢筋焊接接头试验报告

试验表 9

试验编号：03100B0104－006

委托单位：××市政工程有限公司　试验委托人：×××　来样日期：××年7月28日

工程名称：××市××路××桥梁工程　部位：梁板

钢材种类：HRB335（20MnSi）　级别及规格：ϕ22、20ϕ　牌号：

产地：杭州　焊接类型：双面搭接焊

试件代表数量：280个　原材试验编号：002316

焊条型号：　操作人：×××　试验日期：××年7月29日

试件编号	规格	横截面积（mm^2）	极限强度（N/mm^2）	断裂特征及位置（mm）	冷弯			备注
					弯心直径（mm）	角度	评定	
1	ϕ22	380.1	580	离接头外65mm处呈延性	66	180°	合格	
2			580	离接头外135mm处呈延性	66	180°	合格	
3			575	离接头外75mm处呈延性	66	180°	合格	
1	ϕ20	314.2	580	离接头外95mm处呈延性	60	180°	合格	
2			580	离接头外125mm处呈延性	60	180°	合格	
3			580	离接头外115mm处呈延性	60	180°	合格	

结论：经测试，该来样ϕ22、ϕ20钢筋搭接焊的抗拉强度符合JGJ18—96的要求。弯折处无裂纹、鳞落等情况发生，本次试验非全项试验。试验依据JGJ27—86

负责人：×××　审核：×××　计算：×××　试验：×××

报告日期：××　年7月30日

砖试验报告

试验表 10

试验编号：200312A0022

委托单位：××市政工程有限公司　　试验委托人：×××

工程名称：××市××路排水工程　　部位：检查井

种类：烧结普通砖　　强度等级：MU15　　厂别：××市××砖瓦厂

代表数量：1 万块　　来样日期：××年 03 月 18 日　　试验日期：××年 03 月 20 日

<table>
<tr><th rowspan="2">试件处理
日期</th><th rowspan="2">试压日期</th><th colspan="6">抗压强度（N/mm^2）</th></tr>
<tr><th colspan="4">单块值</th><th>平均值</th><th>标准值</th></tr>
<tr><td rowspan="5">××年
03 月 20 日</td><td rowspan="5">××年
03 月 22 日</td><td>1</td><td>19.41</td><td>6</td><td>15.64</td><td rowspan="5">16.9</td><td rowspan="5">11.6</td></tr>
<tr><td>2</td><td>12.27</td><td>7</td><td>20.66</td></tr>
<tr><td>3</td><td>17.98</td><td>8</td><td>12.03</td></tr>
<tr><td>4</td><td>16.78</td><td>9</td><td>19.64</td></tr>
<tr><td>5</td><td>18.03</td><td>10</td><td>16.69</td></tr>
</table>

变异系数 δ：0.17MPa　　标准差 S：2.93MPa

其他试验：

结论：经测试，样砖的抗压强度达到 GB/T5101—1998 中 MU15 的要求。

测试依据为：GB/T2542—92

负责人：×××　　审核：×××　　计算：×××　　试验：×××

报告日期：××年 03 月 22 日

沥青试验报告

试验表 11

试验编号：20030625－1

委托单位：××市政工程有限公司　试验委托人：×××　收样日期：××年6月22日

工程名称：××市××路道路工程　部位：路面面层

品种及标号：AH90　产地：黑龙江省　大庆市

代表数量：100t　试样编号：SL1023　试验日期：××年6月25日

试验结果：

1. 软化点（℃）（环球法）　43.5

2. 延度（cm）15℃　102.0　25℃

3. 25℃针入度（1/10mm）　89

4. 其他

结论：合格

负责人：×××　审核：×××　计算：×××　试验：×××

报告日期：××××年××月××日

沥青胶结材料试验报告

试验表 12

试验编号：0786

委托单位：××建设集团有限公司　　试验委托人：×××

工程名称：××水厂综合楼　　部位：屋面工程

沥青品种：石油沥青 60 号　　胶结材料标号：75 号　　掺合料：六级石棉

试样编号：SL04—06　　取样日期：×× 年 9 月 2 日 ___ 时

胶结材料配合比通知单编号：045603　　试验日期：×× 年 9 月 5 日

施工配合比：沥青∶石棉＝87∶13

材料名称							
每次熬制用量（kg）							

试验结果：

粘结力	柔韧性	耐热度（℃）	备注
粘贴在一起的油纸撕开部分≯粘贴面积 1/2	在 18±2℃ 时，围绕 20mm 圆棒弯曲成半周无裂纹	75	

结论：

符合设计及规范要求。材料合格。

负责人：×××　　审核：×××　　计算：×××　　试验：×××

报告日期：××××年××月××日

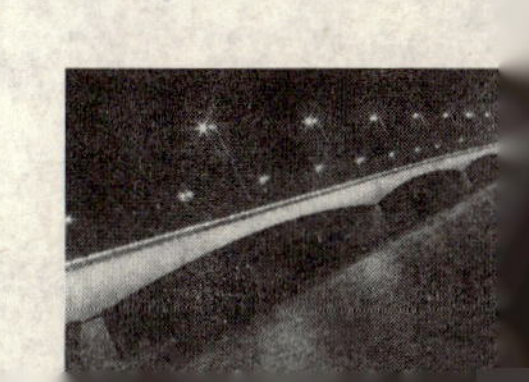

防水卷材试验报告

试验表 13

试验编号：04－0078

委托单位：××市政工程有限公司　试验委托人：×××　试样编号：J007

工程名称：××市××水厂　部位：半地下值班室底板

种类牌号、标号：弹性体沥青防水卷材　Ⅰ类复合胎　生产厂：××市××防水材料公司

代表数量：250 卷　来样日期：××年 4 月 26 日　试验日期：××年 4 月 27 日

结果：

一、拉伸 拉力 535.0 N 拉伸强度 7 N/mm^2 二、断裂伸长率（延伸率） 9.5 % 三、耐热度 90 ℃ 四、不透水性（抗渗透性）压力 0.2MPa，恒压时间 30min	五、柔韧性［低温柔性／低温弯折性］ 温度 －30℃ 无裂纹 —— 六、其他

结论：根据 GB18242—2000 标准，符合Ⅰ类复合胎弹性体沥青防水卷材质量标准。

负责人：×××　审核：×××　计算：×××　试验：×××

报告日期：××××年××月××日

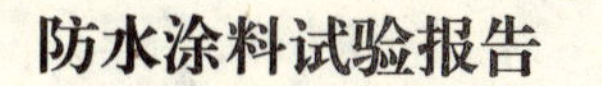

防水涂料试验报告

试验表 14

试验编号：04—0312

委托单位：××市政工程有限公司　试验委托人：×××　试样编号：T005

工程名称：××市××污水处理厂　部位：综合楼厕所

厂别、牌号：××防水材料厂　聚氨酯防水涂料（双组分）　代表数量：5t

生产日期：××年5月19日　到场日期：××年7月11日　来样日期：××年7月15日

试验结果：

1. 延伸性＿＿＿＿ mm	6. 拉伸强度 1.73 N/mm
2. 固体含量 94.0 %	7. 断裂延伸率 751 %
3. 耐热度＿＿＿＿ ℃	8. 抗冻性＿＿＿＿
4. 柔韧性 －30℃无裂纹	9. 其他＿＿＿＿
5. 不透水性 0.3MPa，30min不渗漏	＿＿＿＿

结论：根据JC/T500—1996标准，符合聚氨酯防水涂料合格品要求。

负责人：×××　审核：×××　计算：×××　试验：×××

报告日期：××××年××月××日

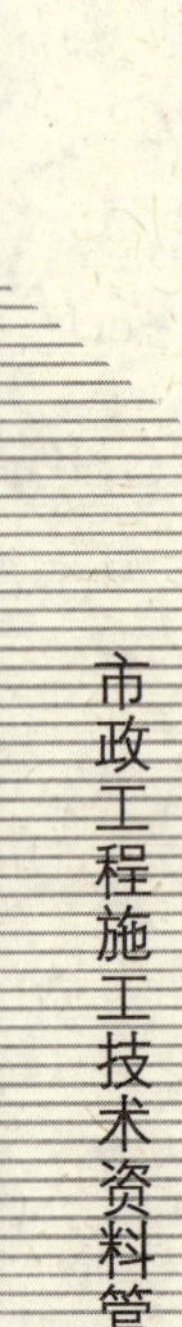

市政工程施工技术资料管理与编制范例

材料试验报告

试验表15

试验编号：__________

委托单位：__________ 试验委托人：__________ 工程名称：__________ 部位：__________ 样品名称：__________ 产地、厂别：__________ 来样日期：__________ 要求试验项目：__________ 试样编号：__________
试验结果：
结论：

注：其他材料凡按规范要求需做试验的，如本文件未规定专用表格的，可采用此表。

负责人：__________ 审核：__________ 计算：__________ 试验：__________

报告日期：　　年　月　日

环氧煤沥青涂料性能试验记录

试验表16

工程名称：××市××路供水管道工程

工程部位：1+235—1+956　　施工单位：××市政工程公司　　××年6月9日

涂料生产厂名		××涂料厂		生产时间	××年2月6日
面漆与固化剂配比	10:1	表干时间	实干时间	固化时间	天气情况
		1.5h	3h	11h	多云，16～25℃
底漆与固化剂配比	10:1.1	表干时间	实干时间	固化时间	天气情况
		1h	2h	10h	晴
防腐层等级及结构			厚度（mm）	电火花检查（kV）	粘结力检查
加强级			4.1	3.0	撕开切口处无金属表面外露情况
试验结论	符合设计与规范要求，合格				
试验单位	××××检测中心		试验人员	×××	
审核人员	×××				

混凝土配合比申请单、通知单 之一

试验表 17

施工单位：××市政工程有限公司　工程名称：××市××桥梁工程　委托部位：××桥灌注桩

设计强度等级：C25　申请强度等级：33.2MPa　要求坍落度：18－20 cm

其他技术要求：/

搅拌方法：现场机械搅拌　浇捣方法：振捣　养护方法：标养

水泥品种及等级：P·O 42.5　厂别及牌号：××水泥厂　出厂日期：××年7月5日

进场日期：××年7月5日　试验编号：03－15

砂子产地及品种：七堡、河砂　细度模数：2.59 含泥量：0.7%试验编号：××××××B0212

石子产地及品种：獐山　最大粒径：40mm 含泥量：0.2%试验编号：××××××B0213

其他材料：/

掺合料名称：/　外加剂名称：/

申请日期：××年7月20日　使用日期：××/8/10　申请负责人：×××　联系电话：×××××××××

混凝土配合比通知单

编号：0316

强度等级	水灰比	砂率（%）	水泥（kg）	水（kg）	砂（kg）	石（kg）	掺合料	外加剂（kg）	配合比	试配编号
C25	0.6	42	370	222	712	983	/	/	1:0.6:1.92:2.66	
备注										

负责人：×××　审核：×××　计算：×××　试验：×××

报告日期：××年8月03日

混凝土配合申请单 之二

试验表 17

施工单位：××市政工程有限公司　工程名称：××市××桥梁工程　委托部位：××桥梁板

设计强度等级：C30　申请强度等级：38.2MPa　要求坍落度：3－5cm

其他技术要求：/

搅拌方法：现场机械搅拌　浇捣方法：振捣　养护方法：标养

水泥品种及等级：P·O 42.5　厂别及牌号：××水泥厂　出厂日期：××年7月5日

进场日期：××年7月5日　试验编号：03－13

砂子产地及品种：富阳、河砂　细度模数：2.46 含泥量：1.0%试验编号：××××1B0212

石子产地及品种：獐山　最大粒径：40mm 含泥量：0.4%试验编号：××××1B0213

其他材料：/

掺合料名称：/　外加剂名称：/

申请日期：××年7月20日　使用日期：××.8.10　申请负责人：×××　联系电话：××××××××

混凝土配合比通知单

编号：×××5B0127

强度等级	水灰比	砂率（%）	水泥（kg）	水（kg）	砂（kg）	石（kg）	掺合料	外加剂（kg）	配合比	试配编号
C30	0.46	35	380	175	633	1175	/	/	1:0.46:1.67:3.09	
备注										

负责人：×××　审核：×××　计算：×××　试验：×××

报告日期：××年8月03日

混凝土抗压强度试验报告 之一

试验表 18

试验编号：03—8—12

委托单位：××市政工程有限公司　试验委托人：赵志林

工程名称：××市××路桥梁工程　部位：××市××路桥梁工程梁板

设计强度等级：C30　拟配强度等级：C35　要求坍落度：3～5cm　实测坍落度：3.6cm

水泥品种及等级：P·O 42.5 厂别：××水泥厂 出厂日期：××年9月12日 试验编号：05A1325－007

砂子产地及品种：富阳　河砂　细度模数：2.46　含泥量：0.8　%试验编号：03－13

石子产地及品种：獐山　最大粒径：40mm　含泥量：0.5　%　试验编号：03－16

掺合料名称：／　产地：／　占水泥用量的：　%

外加剂名称：／　产地：／　占水泥用量的：　%

施工配合比：1:0.46:1.533:3.045　水灰比：0.46　砂率：33.5　%

配合比编号	材料名称 / 用量	水泥	水	砂子	石子	掺合料	外加剂
03－62	每立方米用量（kg）	403	185.4	618	1227	／	／

制模日期：××××年10月7日　要求龄期：28天　要求试验日期：××××年11月4日

试块收到日期：××××年10月27日　试块养护条件：标准养护　试块制作人：李二水

试块编号	试验日期	实际龄期（d）	试块规格（mm）	受压面积（mm^2）	荷载（kN）		平均抗压强度（N/mm^2）	折合150立方体强度（N/mm^2）	达到设计强度（%）
					单块	平均			
YAY15－1 －2 －3	××年 11月 4日	28	150×150 ×150	22500	736.0 772.0 810.0	772.7	34.3	34.3	114.3
备注	××建设监理有限公司　见证人：吴玉林								

负责人：陈震邦　审核：周叶青　计算：洪小刚　试验：朱正平

报告日期：××××年11月4日

混凝土抗压强度试验报告 之二

试验表 18

试验编号：00136—6

委托单位：××市政工程有限公司　　试验委托人：杨小灵

工程名称：××市××路桥梁工程　　部位：××市××路桥梁工程桥面铺装层

设计强度等级：C40　拟配强度等级：48.0　要求坍落度：2～4cm　实测坍落度：3.1cm

水泥品种及等级：P·O 42.5　厂别：××水泥厂　出厂日期：××年10月7日　试验编号：0076

砂子产地及品种：富阳　河砂　细度模数：2.46　含泥量：1.0　%试验编号：0098

石子产地及品种：獐山　最大粒径：40mm　含泥量：0.5%　试验编号：003

掺合料名称：　　产地：　　占水泥用量的：　　%

外加剂名称：　　产地：　　占水泥用量的：　　%

施工配合比：1:0.42:1.416:2.124　水灰比：1:0.420　砂率：40　%

配合比编号	材料名称 / 用量	水泥	水	砂子	石子	掺合料	外加剂
00136	每立方米用量（kg）	490	205.8	694	1041	/	/

制模日期：××年10月19日　要求龄期：28天　要求试验日期：××年11月16日

试块收到日期：××年11月16日　试块养护条件：标养　试块制作人：×××

试块编号	试验日期	实际龄期（d）	试块规格（mm）	受压面积（mm²）	荷载（kN）		平均抗压强度（N/mm²）	折合150立方体强度（N/mm²）	达到设计强度（%）
					单块	平均			
136	××年11月16日	28	150×150×150	22500	1120	1160	51.6	51.6	128.9
					1150				
					1210				
备注									

负责人：×××　审核：×××　计算：×××　试验：×××

报告日期：××年11月16日

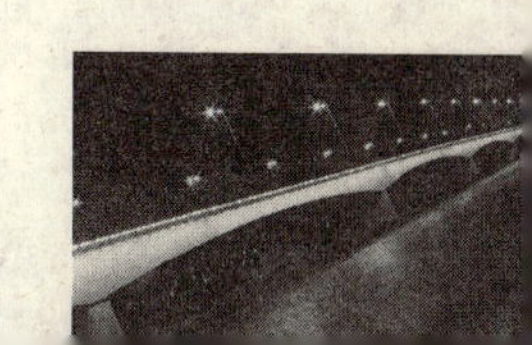

混凝土抗折强度试验报告

试验表 19

试验编号：××××—72

委托单位：××市政工程有限公司　　试验委托人：×××

工程名称：××市××路道路工程　　部位：K0+470—K0+545 北侧下幅

设计强度等级：4.5MPa　　拟配强度等级：4.5MPa　　坍落度：1 cm

水泥品种及等级：P·O 42.5　厂别：××水泥厂　出厂日期：××年10月9日　试验编号：Z01

砂子产地及品种：富阳　细度模数：2.46　含泥量：1.1 %　试验编号：03-15

石子产地及品种：獐山　最大粒径：40　含泥量：0.5 %　试验编号：0315-07

掺合料名称：＿＿＿＿产地：＿＿＿＿占水泥用量的：＿＿＿＿%

外加剂名称：＿＿＿＿产地：＿＿＿＿占水泥用量的：＿＿＿＿%

其他：

施工配合比：1:0.46:1.533:3.045　　水灰比：0.46　　砂率：33.6 %

配合比编号	材料名称 / 用量	水泥	水	砂子	石子	掺合料	外加剂
03-62	每立方米用量（kg）	403	185.4	618	1227		

制模日期：××年10月6日　　要求龄期：28天　　要求试验日期：××年11月3日

试块收到日期：××年10月27日　　试块养护条件：标养　　试块制作人：金小波

试块编号	试验日期	实际龄期（d）	试块尺寸（mm）			计算跨度（mm）	破坏荷重（kN）		平均极限抗折强度（N/mm²）	折合标准试件强度（N/mm²）	达到设计强度（%）
			长	宽	高		单块	平均			
	××年11月3日	28	550	150	150	450	43.0	43.5	5.8	5.8	128
							43.8				
							43.6				
结论											

负责人：陈震邦　　审核：周叶青　　计算：洪　钢　　试验：朱正平

报告日期：××年11月3日

混凝土抗渗性能试验报告

试验表 20

试验委托人：________ 试块编号：________ 试验编号：________

委托单位：________ 工程名称：________ 部位：________

设计强度等级：C25 设计抗渗等级：P6 要求坍落度：____cm 实测坍落度：____cm

水泥品种及等级：____ 厂别：____ 出厂日期：____ 试验编号：____

砂子产地及品种：____ 细度模数：____ 含泥量：____% 试验编号：____

石子产地及品种：____ 最大粒径：____ 含泥量：____% 试验编号：____

外加剂名称：________ 厂别：________ 占水泥用量的：________%

掺合料名称：________ 厂别：________ 占水泥用量的：________%

施工配合比：________ 水灰比：________ 砂率：________%

配合比编号	材料名称 / 用量	水泥	水	砂子	石子	外加剂	掺合料
	每立方米用量（kg）						

制模日期：________ 要求龄期：________ 要求试验日期：________

试块收到日期：________ 试块养护条件：________ 试块制作人：________

试块端面渗水部位：

① ② ③ ④ ⑤

试块解剖渗水高度 (cm):

1 cm　2 cm　3 cm　4 cm　5 cm

结论：____

____

负责人：________ 审核：________ 计算：________ 试验：________

报告日期：　年　月　日

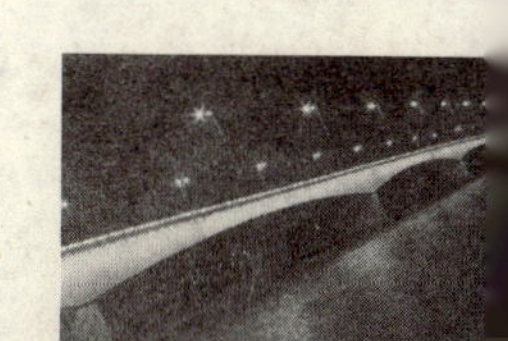

混凝土强度（性能）试验汇总表 之一

试验表21

工程名称：××市××路道路工程　　施工单位：××市政工程有限公司　　第1页　共　页

工程部位及编号	设计要求强度等级（压、折、渗）	试验编号	养护条件	龄期（d）	抗压强度（N/mm²）	抗折强度（N/mm²）	抗渗等级	强度值偏差及处理情况
K0+035-K0+280	C35	YAY1	标养	28	39.7			
K0+035-K0+280	C35	YAY2	标养	28	39.4			
K0+035-K0+280	C35	YAY3	标养	28	40.1			
K0+035-K0+280	C35	YAY4	标养	28	38.7			
K0+035-K0+280	C35	YAY5	标养	28	40.4			
K0+035-K0+280	C35	YAY6	标养	28	40.1			
K0+035-K0+280	C35	YAY7	标养	28	45.3			
K0+035-K0+280	C35	YAY8	标养	28	40.1			
K0+035-K0+280	C35	YAY9	标养	28	40.7			
K0+035-K0+280	C35	YAY10	标养	28	42.8			
K0+035-K0+280	C35	YAY11	标养	28	40.3			
K0+035-K0+280	C35	YAY12	标养	28	40.1			
K0+035-K0+280	C35	YAY13	标养	28	37.5			
K0+035-K0+280	C35	YAY14	标养	28	39.7			
K0+035-K0+280	C35	YAY15	标养	28	38.2			
K0+035-K0+280	C35	YAY16	标养	28	40.7			
K0+035-K0+280	C35	YAY17	标养	28	39.7			
K0+035-K0+280	C35	YAY18	标养	28	43.7			
K0+035-K0+280	C35	YAY19	标养	28	40.7			
K0+035-K0+280	C35	YAY20	标养	28	39.9			
K0+035-K0+280	C35	YAY21	标养	28	40.0			

施工项目技术负责人：×××　　填表人：×××　　××年×月×日

混凝土强度（性能）试验汇总表 之二

试验表 21

工程名称：××市××路道路工程　　施工单位：××市政工程有限公司　　第 2 页　共　页

工程部位及编号	设计要求强度等级（压、折、渗）	试验编号	养护条件	龄期（d）	抗压强度（N/mm²）	抗折强度（N/mm²）	抗渗等级	强度值偏差及处理情况
K0+035－K0+280	4.5	YAZ1	标养	28		5.04		
K0+035－K0+280	4.5	YAZ2	标养	28		5.09		
K0+035－K0+280	4.5	YAZ3	标养	28		4.98		
K0+035－K0+280	4.5	YAZ4	标养	28		5.14		
K0+035－K0+280	4.5	YAZ5	标养	28		5.09		
K0+035－K0+280	4.5	YAZ6	标养	28		5.3		
K0+035－K0+280	4.5	YAZ7	标养	28		5.16		
K0+035－K0+280	4.5	YAZ8	标养	28		5.8		
K0+035－K0+280	4.5	YAZ9	标养	28		5.6		
K0+035－K0+280	4.5	YAZ10	标养	28		5.4		
K0+035－K0+280	4.5	YAZ11	标养	28		5.1		
K0+035－K0+280	4.5	YAZ12	标养	28		4.96		
K0+035－K0+280	4.5	YAZ13	标养	28		4.97		
K0+035－K0+280	4.5	YAZ14	标养	28		5.06		
K0+035－K0+280	4.5	YAZ15	标养	28		5.14		
K0+035－K0+280	4.5	YAZ16	标养	28		5.17		
K0+035－K0+280	4.5	YAZ17	标养	28		5.2		
K0+035－K0+280	4.5	YAZ18	标养	28		4.87		
K0+035－K0+280	4.5	YAZ19	标养	28		4.89		
K0+035－K0+280	4.5	YAZ20	标养	28		5.0		
K0+035－K0+280	4.5	YAZ21	标养	28		5.04		

施工项目技术负责人：×××　　填表人：×××　　××年×月×日

混凝土试块强度统计、评定记录（抗压） 之一

试验表 22

施工单位：××市政工程有限公司　　　　××年 7 月 15 日

工程名称	××市××路道路工程	部位	路面	强度等级	C35	养护方法	标准养护

试块组数	设计强度	平均值	标准差	合格判定系数	最小值	评定数据			
$n=64$	$f_{cu,k}=35$	$m_{fcu}=41.006$	$S_{fcu}=3.847$	$\lambda_1=1.60$ $\lambda_2=0.85$	$f_{cu,min}=35.3$	$0.9f_{cu,k}$ $=31.5$（MPa）	$0.95f_{cu,k}$ $=33.25$	$1.15f_{cu,k}$ $=40.25$	$m_{fcu}-\lambda_1 \cdot S_{fcu}=$ $\lambda_2 \cdot f_{cu,k}=$

每组强度值：（MPa）

39.7	39.4	40.1	38.7	40.4	40.1	45.3	40.4	57.3	40.7	51.0	42.8	40.3	40.1	37.8
39.7	38.2	40.7	39.7	43.4	40.7	39.9	39.9	40.0	35.3	41.6	49.8	42.1	40.9	49.4
41.2	40.9	42.5	48.0	35.5	46.4	42.7	39.8	42.2	39.1	37.5	38.5	37.2	40.7	39.8
40.4	36.6	38.4	38.5	37.0	38.4	42.1	38.4	39.9	37.8	37.2	38.5	42.2	39.9	49.4
41.8	40.9	39.3	40.3											

评定依据：《混凝土强度检验评定标准》（GBJ107—87）

1. 统计组数 $n \geqslant 10$ 组时：$m_{fcu}-\lambda_1 \cdot S_{fcu} \geqslant 0.9f_{cu,k}$；$f_{cu,min} \geqslant \lambda_2 \cdot f_{cu,k}$
2. 非统计方法：$m_{fcu} \geqslant 1.15f_{cu,k}$；$f_{cu,min} \geqslant 0.95f_{cu,k}$

结论：用统计方法评定结果，该批混凝土试块强度符合规范与设计要求

施工项目技术负责人：×××　　制表：×××　　计算：×××　　制表日期：××年×月

混凝土试块强度统计、评定记录（抗折）　之二

试验表22

施工单位：××市政工程有限公司　　　　××年7月15日

工程名称	××市××路道路工程					部位			强度等级		4.5MPa		养护方法	
试块组数	设计强度	平均值	均方差	合格判定系数	最小值	评定数据								
$n=58$	$\sigma_s=4.5$	$\sigma_p=5.096$	$\sigma=0.6227$	$k=0.65$	$\sigma_{min}=4.3$	$0.85\sigma_s$ =3.825(MPa)		$0.75\sigma_s$ =3.375		$1.05\sigma_s$ =4.725		$\sigma_p \geq \sigma_s+k\sigma$ $\sigma_{min} \geq 0.85\sigma_s$ ($n \leq 25$) $\sigma_{min} \geq 0.75\sigma_s$ ($n>25$)		
每组强度值：（MPa）														
5.04	5.09	4.98	4.98	5.14	5.09	5.30	5.16	5.80	5.60	5.4	5.1	4.96	4.97	5.06
5.14	5.17	5.2	4.89	5.4	4.9	5.08	5.6	5.08	4.8	4.74	4.74	7.6	4.66	7.7
7.1	4.61	5.0	4.63	5.2	4.87	5.04	5.22	4.3	5.22	5.2	4.84	4.84	4.63	4.84
4.73	5.11	4.73	4.71	4.8	4.78	4.58	4.6	4.89	4.77	4.57	4.68	4.7		
评定依据：《混凝土强度检验评定标准》（GBJ107—87） 1）$\sigma_p \geq \sigma_s+k\sigma$；$\sigma_{min} \geq 0.85\sigma_s$ 组数 $n \leq 25$ 组时，$\sigma_{min} \geq 0.75\sigma_s$ 组数 $n>25$ 组时； 2）非统计方法：不到5组 $\sigma_p \geq 1.05\sigma_s$；$\sigma_{min} \geq 0.85\sigma_s$											结论	用统计方法评定结果，该批混凝土试块强度符合规范与设计要求		

施工项目技术负责人：×××　　制表：×××　　计算：×××　　制表日期：××年7月15日

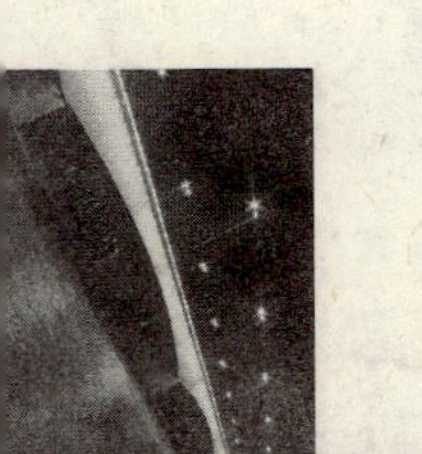

砂浆配合比申请单、通知单

试验表 23

委托单位：××市政工程有限公司　试验委托人：×××

工程名称：××市××桥梁工程　部位：挡　墙

砂浆种类：水泥砂浆　强度等级：M10

水泥品种：P·O（普硅）　等级：42.5　厂别：××水泥厂

水泥进场日期：××年8月6日　试验编号：03－19

砂产地：七堡　种类：河砂细度模数：2.46，含泥量：1.0%　试验编号：

掺合料种类：/　外加剂种类：/

申请日期：××年8月10日　要求使用日期：××年9月15日

砂浆配合比通知单

强度等级：M10　试验日期：××年9月8日　配合比编号：03－188

材料名称	配合比					
	水泥	砂	水	掺合料	外加剂	
每立方米用量(kg)	370	1420	300	/	/	
比　例	1	3.838	0.811	/	/	

备注：砂浆稠度为70～100mm。

负责人：×××　审核：×××　计算：×××　试验：×××

报告日期：××年9月8日

市政工程施工技术资料管理与编制范例

砂浆抗压强度试验报告

试验表 24

试验编号：

委托单位：××市政工程有限公司　　试验委托人：×××

工程名称：××市××路排水工程　　部位：Y115—Y131

砂浆种类：水泥砂浆　　强度等级：M10　　稠度：　cm

水泥品种：P·O（普硅）　　等级：42.5　　厂别：杭州水泥厂

砂产地及种类：富　阳　　掺合料种类：　　外加剂种类：

配比编号	项　目	各种材料用量（kg）					
		水泥	砂	水	掺合料	外加剂	
	立方米	370	1420	300			
	每盘	1	3.838	0.811			

制模日期：××年5月12日　　养护条件：标　养　　要求龄期：28天

要求试验日期：××年6月9日　　试块收到日期：　　试块制作人：

试块编号	试压日期	实际龄期（d）	试块规格（mm）	受压面积（mm^2）	荷载（kN）		抗压强度（N/mm^2）	达到设计强度（%）
					单块	平均		
	××年 6月9日	28	70.7× 70.7×70.7	5000	55	62.5	12.5	125
					65			
					60			
					65			
					70			
					60			

负责人：×××　　审核：×××　　计算：×××　　试验：×××

报告日期：××年6月9日

砂浆试块强度试验汇总表

试验表25

共1页

单位工程名称：××市××河道整治工程

第1页

序号	试验编号	制作日期	部位名称	砂浆强度（N/mm²）		达到设计强度（%）	备　注
				设计要求	试验结果		
1	Q01	××/5/12	检查井	M10	12.5	125	
2	Q02	××/5/13	检查井	M10	11.3	113	
3	Q03	××/5/14	检查井	M10	12.1	121	
4	Q04	××/5/15	挡墙	M10	10.8	108	
5	Q05	××/5/16	挡墙	M10	11.7	117	
6	Q06	××/5/17	挡墙	M10	10.3	103	
7	Q07	××/5/18	挡墙	M10	10.6	106	
8	Q08	××/5/19	挡墙	M10	10.9	109	
9	Q09	××/5/20	挡墙	M10	11.1	111	
10	Q10	××/5/21	挡墙	M10	10.2	102	
11	Q11	××/5/22	挡墙	M10	10.4	104	
12	Q12	××/5/23	挡墙	M10	9.5	95	
13	Q13	××/5/24	挡墙	M10	10.3	103	
14	Q14	××/5/25	挡墙	M10	9.1	91	
15	Q15	××/5/26	挡墙	M10	10.7	107	
16	Q16	××/5/27	挡墙	M10	10.5	105	
17	Q17	××/5/28	挡墙	M10	10.2	102	
18	Q18	××/5/29	挡墙	M10	10.8	108	

施工项目技术负责人：×××　　填表人：×××

××××年××月××日

砂浆试块强度统计评定记录

试验表26

施工单位：××市政工程有限公司

<table>
<tr><td>工程名称</td><td colspan="3">××市××河道整治工程</td><td>部位</td><td>检查井、挡墙</td><td>强度等级</td><td>M10</td><td>养护方法</td><td>标养</td></tr>
<tr><td colspan="2">试块组数</td><td colspan="2">设计强度</td><td colspan="2">平均值</td><td colspan="2">最小值</td><td colspan="2">评定数据</td></tr>
<tr><td colspan="2">$n=18$</td><td colspan="2">$f_{m,k}=10$</td><td colspan="2">$m_{fcu}=10.72$</td><td colspan="2">$f_{cu,min}=9.1$</td><td colspan="2">$0.75f_{m,k}=7.5$</td></tr>
<tr><td colspan="10">每组强度值：（MPa）</td></tr>
<tr><td>12.5</td><td>11.3</td><td>12.1</td><td>10.8</td><td>11.7</td><td>10.3</td><td>10.6</td><td>10.9</td><td>11.1</td><td>10.2</td></tr>
<tr><td>10.4</td><td>9.5</td><td>10.3</td><td>9.1</td><td>10.7</td><td>10.5</td><td>10.2</td><td>10.8</td><td></td><td></td></tr>
<tr><td></td><td></td><td></td><td></td><td></td><td></td><td></td><td></td><td></td><td></td></tr>
<tr><td></td><td></td><td></td><td></td><td></td><td></td><td></td><td></td><td></td><td></td></tr>
<tr><td></td><td></td><td></td><td></td><td></td><td></td><td></td><td></td><td></td><td></td></tr>
<tr><td></td><td></td><td></td><td></td><td></td><td></td><td></td><td></td><td></td><td></td></tr>
<tr><td colspan="5">评定依据：《砌体工程施工质量验收规定》（GB50203—2002）</td><td rowspan="4">结论</td><td colspan="4" rowspan="4">统计评定结果：
满足一、二两项要求，该批砂浆试块强度合格</td></tr>
<tr><td colspan="5">一、同品种、同强度等级砂浆各组试块的平均值 $m_{fcu}>f_{m,k}$</td></tr>
<tr><td colspan="5">二、任意一组试块强度 $f_{cu,min}\geqslant 0.75f_{m,k}$</td></tr>
<tr><td colspan="5">三、仅有一组试块时其强度不应低 $1.0f_{m,k}$</td></tr>
</table>

施工项目技术负责人：×××　　制表：×××　　计算：×××　　制表日期：××××年××月××日

土壤最大干密度与最佳含水量试验报告 之一

试验表 28

工程名称：××市××路道路工程　　取样日期：××年3月28日

取土地点：施工现场　　试验日期：××年3月31日

土 种 类：粉砂土　　施工单位：××市政工程有限公司

模筒体积（cm^3）	997（轻型击实）									
试验次数	1		2		3		4		5	
模筒+湿土质量（g）	4125		4165		4205		4215		4225	
模筒质量（g）	2500		2500		2500		2500		2500	
湿土质量（g）	1625		1665		1705		1715		1725	
湿土密度（g/cm^3）	1.63		1.67		1.71		1.72		1.73	
含水量之测定 铝盒号码										
铝盒+湿土质量（g）	172.8	176.4	173.0	179.4	176.6	180.0	175.4	179.1	173.3	175.4
铝盒+干土质量（g）	162.1	165.5	160.9	167.2	163.0	166.4	160.3	163.9	156.7	158.7
铝盒质量（g）	72.8	76.4	73.0	79.4	76.6	80.0	75.4	79.1	73.3	75.4
水分质量（g）	10.7	10.9	12.1	12.2	13.6	13.6	15.1	15.2	16.6	16.7
干土质量（g）	89.3	89.1	87.9	87.8	86.4	86.4	84.9	84.8	83.4	83.3
含水量（%）	12.0	12.2	13.8	13.9	15.7	15.8	17.8	17.9	19.9	20.1
平均含水量（%）	12.1		13.9		15.8		17.9		20.0	
土干密度（g/cm^3）	1.45		1.47		1.48		1.46		1.44	

最大干密度 1.48 g/cm^3　　最佳含水量 15.8 %

土干密度（g/cm^3）
1.48
1.46
1.44
10.0　12.0　14.0　16.0　18.0　20.0　22.0
含水量(%)

审核 ×××　　计算 ×××　　试验 ×××

土壤最大干密度与最佳含水量试验报告 之二

试验表 28

工程名称：××市××道路工程　　取样日期：××年07月04日

取土地点：　　试验日期：××年07月05日

土 种 类：三渣混合料　　施工单位：××市政工程有限公司

项目		1	2	3	4	5	6
模筒体积（cm^3）		2177					
试验次数		1	2	3	4	5	6
模筒+湿土质量（g）		8995	9170	9320	9305	9255	
模筒质量（g）		4235	4235	4235	4235	4235	
湿土质量（g）		4760	4935	5085	5070	5020	
湿土密度（g/cm^3）		2.186	2.267	2.336	2.329	2.306	
含水量之测定	铝盒号码						
	铝盒+湿土质量（g）	2035	2100	2090	2085	2070	
	铝盒+干土质量（g）						
	铝盒质量（g）						
	水分质量（g）						
	干土质量（g）	1920	1905	1925	1900	1865	
	含水量（%）	6.0	7.4	8.6	9.7	11.0	
	平均含水量（%）						
土干密度（g/cm^3）		2.06	2.11	2.15	2.12	2.08	

最大干密度 2.15 g/cm^3　　最佳含水量 8.6 %

审核 ×××　　计算 ×××　　试验 ×××

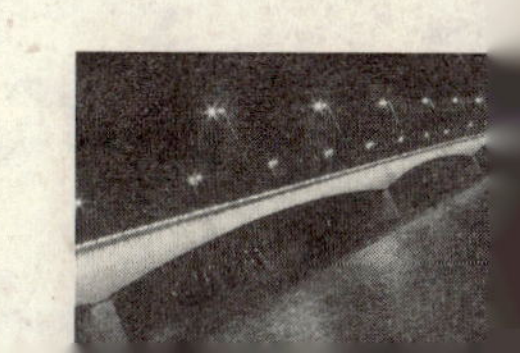

土壤压实度试验记录

试验表 29

工程名称：××市××路道路工程　　施工单位：××市政工程有限公司

代表部位：K1+220—K1+280 北侧快车道　击实种类：12t 压路机碾压　试验日期：××年4月4日

取样桩号及井号		K1+250					
取样深度		土路基下 0-30cm					
取样位置							
土样种类		粉砂土					
湿密度	环刀号	H01		H02		H03	
	环刀+土质量（g）	167.5		169.2		170.3	
	环刀质量（g）	51.2		51.2		51.2	
	土质量（g）	116.3		118.0		119.1	
	环刀容积（cm^3）	60.38		60.38		60.38	
	湿密度（g/cm^3）	1.93		1.95		1.97	
干密度	铝盒号码	NO 01	NO 02	NO 03	NO 04	NO 05	NO 06
	铝盒+湿土质量（g）	133.4		137.2		139.3	
	铝盒+干土质量（g）	110.0		115.1		116.8	
	水质量（g）	23.4		22.1		22.5	
	铝盒质量（g）	17.1		19.2		20.2	
	干土质量（g）	92.9		95.9		96.6	
	含水量（%）	25.2		23.0		23.3	
	平均含水量（%）						
	干密度（g/cm^3）	1.54		1.59		1.60	
	最大干密度（g/cm^3）	1.61		1.61		1.61	
	压实度（%）	95.7		98.8		99.4	
备注	本试验经二次平行测定后，其平行差值不得大于规定。取其算术平均值						

审核：×××　　　试验：×××

土壤压实度（管沟类）试验记录 之一

试验表 30

工程名称：××市××路排水工程　　试验日期：××年 11 月 22 日

代表部位：Y141—Y142　*DN*800 管　　管、沟断面尺寸：

施工单位：××市政工程有限公司　　击实种类：蛙式夯

取样桩号及井号		Y141—Y142　0+350					
取样深度		25cm					
取样位置		胸腔土上层					
土样种类		粉砂土					
湿密度	环刀号	H1		H2		H3	
	环刀+土质量（g）	156.6		163.9		157.3	
	环刀质量（g）	51.2		51.2		51.2	
	土质量（g）	105.4		112.7		106.1	
	环刀容积（cm^3）	60.38		60.38		60.38	
	湿密度（g/cm^3）	1.75		1.87		1.76	
干密度	铝盒号码	01	02	03	04	05	06
	铝盒+湿土质量（g）	122.5		130.2		125.2	
	铝盒+干土质量（g）	103.5		108.1		110.5	
	水质量（g）	19.0		22.1		14.7	
	铝盒质量（g）	17.1		17.5		19.1	
	干土质量（g）	86.4		90.6		91.4	
	含水量（%）	22.0		24.4		16.1	
	平均含水量（%）						
	干密度（g/cm^3）	1.43		1.50		1.52	
	最大干密度（g/cm^3）	1.48		1.48		1.48	
	压实度（%）	96.8		101.4		102.7	
备注	本试验经二次平行测定后，其平行差值不得大于规定，取其算术平均值						

审核：×××　　试验：×××

土壤压实度（管沟类）试验记录 之二

试验表 30

工程名称：××市××路排水工程　　试验日期：××年 11 月 22 日

代表部位：Y103—Y104　*DN*800 管顶土　　管、沟断面尺寸：

施工单位：××市政工程有限公司　　击实种类：蛙式夯

	项目	01	02	03	04	05	06
取样桩号及井号		Y103—Y104　0+560					
取样深度		25cm					
取样位置		管顶 50cm 以内					
土样种类		粉砂土					
湿密度	环刀号	H1		H2		H3	
	环刀+土质量（g）	116.4		117.5		110.1	
	环刀质量（g）	51.2		51.2		51.2	
	土质量（g）	97.8		96.8		91.0	
	环刀容积（cm^3）	60.38		60.38		60.38	
	湿密度（g/cm^3）	1.62		1.60		1.51	
干密度	铝盒号码	01	02	03	04	05	06
	铝盒+湿土质量（g）	116.4		117.5		110.1	
	铝盒+干土质量（g）	107.1		108.4		101.7	
	水质量（g）	9.3		9.1		8.4	
	铝盒质量（g）	18.6		20.7		19.1	
	干土质量（g）	88.5		87.7		82.6	
	含水量（%）	10.5		10.4		10.2	
	平均含水量（%）						
	干密度（g/cm^3）	1.47		1.45		1.37	
	最大干密度（g/cm^3）	1.48		1.48		1.48	
	压实度（%）	99.3		98.0		92.6	
备注	本试验经二次平行测定后，其平行差值不得大于规定，取其算术平均值						

审核：×××　　试验：×××

土壤压实度（管沟类）试验记录 之三

试验表 30

工程名称：××市××路排水工程　　试验日期：××年 11 月 22 日

代表部位：Y104—Y105 *DN*800 管顶土　　管、沟断面尺寸：

施工单位：××市政工程有限公司　　击实种类：12t 压路机

取样桩号及井号		Y104—Y105 0+780					
取样深度		30cm					
取样位置		路面下 30—60cm					
土样种类		粉砂土					
湿密度	环刀号	H1		H2		H3	
	环刀+土质量（g）	147.5		150.3		149.4	
	环刀质量（g）	51.2		51.2		51.2	
	土质量（g）	96.3		99.1		98.2	
	环刀容积（cm^3）	60.38		60.38		60.38	
	湿密度（g/cm^3）	1.59		1.64		1.63	
干密度	铝盒号码	01	02	03	04	05	06
	铝盒+湿土质量（g）	116.4		118.2		118.5	
	铝盒+干土质量（g）	106.9		108.2		109.0	
	水质量（g）	9.5		10.0		9.5	
	铝盒质量（g）	20.1		19.1		20.3	
	干土质量（g）	86.8		89.1		88.7	
	含水量（%）	10.9		11.2		10.7	
	平均含水量（%）						
	干密度（g/cm^3）	1.43		1.47		1.47	
	最大干密度（g/cm^3）	1.48		1.48		1.48	
	压实度（%）	96.6		99.3		99.3	
备注	本试验经二次平行测定后，其平行差值不得大于规定，取其算术平均值						

审核：×××　　试验：×××

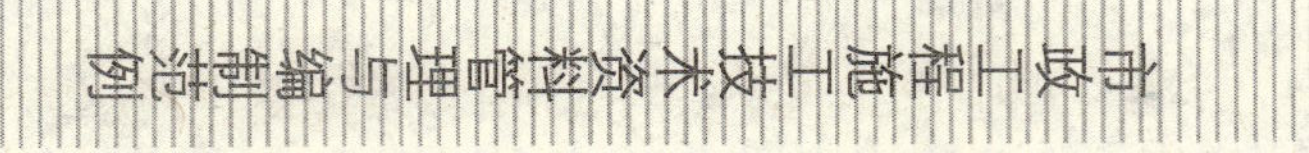

压实度（灌砂法）试验记录

试验表 31

工程名称：××市××路延伸工程　　施工单位：××市政工程有限公司　　试验工序项目：三渣基层

桩号				0+450	0+370	0+470	0+390			
层次及厚度（cm）				30	30	30	30			
灌砂前砂+容器质量（g）		(1)		7500	7500	7500	7500			
灌砂后砂+容器质量（g）		(2)		4760	4760	4760	4760			
灌砂筒下部锥体内砂质量（g）		(3)		715	715	715	715			
试坑灌入量砂的质量（g）		(4)	(1) − (2) − (3)	2025	2130	2075	2160			
量砂堆积密度（g/cm^3）		(5)		1.281	1.281	1.281	1.281			
试坑体积（cm^3）		(6)	(4) / (5)	1580.8	1662.8	1619.8	1686.2			
试坑中挖出的湿料质量（g）		(7)		3590	3815	3680	3815			
试样湿密度（g/cm^3）		(8)	(7) / (6)	2.27	2.29	2.27	2.26			
含水量 w（%）	盒号	(9)		01	02	03	04			
	盒质量（g）	(10)		51.5	49.9	50.3	51.2			
	盒+湿料质量（g）	(11)		584.3	593.8	574.8	588.0			
	盒+干料质量（g）	(12)		543.1	550.4	533.5	541.2			
	水质量（g）	(13)	(11) − (12)	41.2	43.4	41.3	46.8			
	干料质量（g）	(14)	(12) − (10)	491.6	500.5	483.2	490.0			
	平均含水量（w）（%）	(15)	[(13)/(14)]·100%	8.4	8.7	8.5	9.6			
干质量密度（g/cm^3）		(16)	$\frac{(8)}{1+(15)}$	2.09	2.11	2.09	2.06			
最大干密度（g/cm^3）		(17)		2.15	2.15	2.15	2.15			
压实度（%）		(18)	(16) / (17)	97.2	98.1	97.2	95.8			

审核：×××　　计算：×××　　试验：×××　　试验日期：××××年××月××日

道路基层混合料抗压强度试验记录

试验表 32

委托单位	××市政工程公司	工程名称	××市××路	施工部位	
混合料名称	水泥稳定碎石	水泥或石灰剂量			
水泥种类及等级	P·O 42.5	石灰种类及氧化物含量			
拌合方法	机拌	养护方法	标养	塑性指数	
制模日期	××年9月1日	要求龄期	7天	要求试验日期	××年 9月8日
试件编号	成型后试件测定				
	试件重量（g）	试件高度（g）	湿密度（g/cm³）	含水量（%）	干密度（g/cm³

试件编号	饱水前试件重量（g）	饱水后测定						强度值（MPa）	
		试件重量（g）	试件高度（mm）	湿密度（g/cm³）	含水量（%）	干密度（g/cm³）	破坏时最大压力（kN）	单值	平均值
1			150.0				49.0	2.8	3.6
2			150.4				59.0	3.4	3.6
3			150.1				72.0	4.1	3.6
4			149.5				70.0	4.0	3.6
5			150.1				62.5	3.6	3.6
6			150.0				60.0	3.4	3.6

施工项目技术负责人：××× 审核：××× 计算：××× 试验：×××

报告日期：××年×月×日

________回弹弯沉记录 之一

试验表 34

工程名称：××市××道路工程　　施工单位：××××市政工程公司

试验位置：沥青混凝土　起止桩号：K0+000－K2+655 南快车道　试验时间：××年 12 月 27 日

设计弯沉值：0.6mm　　试验车型：黄河 JN—150　　后轴重：10t

序号	桩号	轮位	行车道（　　）			行车道（　　）			行车道（　　）		
			百分表读数		回弹值	百分表读数		回弹值	百分表读数		回弹值
			D1	D2	1/100（mm）	D1	D2	1/100（mm）	D1	D2	1/100（mm）
1	K0+010	左	0.55	0.37	0.36						
		右	0.62	0.46	0.32						
2	K0+030	左	0.83	0.62	0.42						
		右	0.71	0.51	0.40						
3	K0+050	左	0.50	0.24	0.52						
		右	0.61	0.36	0.50						
4	K0+070	左	0.87	0.65	0.44						
		右	1.16	0.92	0.48						
5	K0+090	左	0.44	0.21	0.46						
		右	0.64	0.44	0.40						
6	K0+110	左	0.44	0.28	0.32						
		右	1.15	0.97	0.36						
7	K0+130	左	1.04	0.84	0.40						
		右	0.78	0.56	0.44						
8	K0+150	左	0.76	0.50	0.52						
		右	0.55	0.28	0.54						
9	K0+170	左	1.17	0.93	0.48						
		右	0.91	0.69	0.44						
10	K0+190	左	1.06	0.87	0.38						
		右	0.91	0.74	0.34						
结论：											

试验：×××　　　记录：×××　　　计算：×××

______回弹弯沉记录 之二　　试验表 34

工程名称：××市××道路工程　　施工单位：××××市政工程公司

试验位置：水泥稳定层　起止桩号：K0＋000—K0＋800 北侧快车道　试验时间：×年 9 月 8 日

设计弯沉值：0.9mm　试验车型：黄河 JN—150　后轴重：10t

序号	桩号	轮位	行车道（　）			行车道（　）			行车道（　）		
			百分表读数		回弹值	百分表读数		回弹值	百分表读数		回弹值
			D1	D2	1/100（mm）	D1	D2	1/100（mm）	D1	D2	1/100（mm）
1	K0＋790		83	70	26						
2	K0＋770		96	64	64						
3	K0＋750		106	71	70						
4	K0＋730		83	67	32						
5	K0＋710		88	59	58						
6	K0＋690		144	118	52						
7	K0＋670		120	106	28						
8	K0＋650		70	51	38						
9	K0＋630		66	42	48						
10	K0＋610		70	51	38						
11	K0＋590		119	89	60						
12	K0＋570		91	68	46						
13	K0＋550		164	141	46						
14	K0＋530		140	127	26						
15	K0＋510		84	61	46						
16	K0＋490		99	72	54						
17	K0＋470		140	121	38						
18	K0＋450		159	131	56						
19	K0＋430		80	62	36						
20	K0＋410		70	53	34						
结论：											

试验：×××　　记录：×××　　计算：×××

无压力管道严密性试验记录 之一

试验表35

<table>
<tr><td colspan="2">工程名称</td><td colspan="3">××市××路排水工程</td><td>试验日期</td><td colspan="2">××年06月13日</td></tr>
<tr><td colspan="2">施工单位</td><td colspan="6">××市政工程有限公司</td></tr>
<tr><td colspan="2">起止井号</td><td colspan="6">Y114号井至Y112号井段，带Y114号井</td></tr>
<tr><td colspan="2">管道内径（mm）</td><td colspan="2">管材种类</td><td colspan="2">接口种类</td><td colspan="2">试验段长度（m）</td></tr>
<tr><td colspan="2">DN1200</td><td colspan="2">混凝土管</td><td colspan="2">承插胶圈接口</td><td colspan="2">52.0</td></tr>
<tr><td colspan="2">试验段上游设计水头（m）</td><td colspan="4">试验水头（m）（高于上游管内顶）</td><td colspan="2">允许渗水量（m^3/（24h·km））</td></tr>
<tr><td colspan="2"></td><td colspan="4">2.0</td><td colspan="2">43.3</td></tr>
<tr><td rowspan="5">渗水量测定记录</td><td>次数</td><td>观测起始时间 T_1</td><td>观测结束时间 T_2</td><td>恒压时间 t（min）</td><td>恒压时间内补入的水量 W（L）</td><td>实测渗水量 q（L/min·m）</td><td>平 均（L/min·m）</td></tr>
<tr><td>1</td><td>9:12</td><td>9:23</td><td>11</td><td>9.6</td><td>0.0168</td><td rowspan="3">0.0167</td></tr>
<tr><td>2</td><td>9:30</td><td>9:43</td><td>13</td><td>11.3</td><td>0.0167</td></tr>
<tr><td>3</td><td>9:51</td><td>10:03</td><td>12</td><td>10.4</td><td>0.0167</td></tr>
<tr><td colspan="7">折合平均实测渗水量 24.05 （m^3/（24h·km））</td></tr>
<tr><td colspan="2">外观记录</td><td colspan="6">试验时未见渗漏现象</td></tr>
<tr><td colspan="2">鉴定意见</td><td colspan="6">合格</td></tr>
<tr><td colspan="2" rowspan="2">参加单位及人员</td><td colspan="2">建设单位</td><td colspan="2">监理单位</td><td>施工单位</td><td></td></tr>
<tr><td colspan="2">×××</td><td colspan="2">×××</td><td>×××</td><td></td></tr>
</table>

无压力管道严密性试验记录 之二

试验表 35

<table>
<tr><td>工程名称</td><td colspan="3">××市××路排水工程</td><td colspan="2">试验日期</td><td colspan="2">××年 06 月 13 日</td></tr>
<tr><td>施工单位</td><td colspan="7">××市政工程有限公司</td></tr>
<tr><td>起止井号</td><td colspan="7">W115 号井至W113 号井段，带W115、W114 号井</td></tr>
<tr><td>管道内径（mm）</td><td colspan="2">管材种类</td><td colspan="2">接口种类</td><td colspan="3">试验段长度（m）</td></tr>
<tr><td>ϕ600</td><td colspan="2">混凝土管</td><td colspan="2">承插胶圈接口</td><td colspan="3">80.0</td></tr>
<tr><td>试验段上游设计水头（m）</td><td colspan="4">试验水头（m）(高于上游管内顶)</td><td colspan="3">允许渗水量（m^3/（24h·km））</td></tr>
<tr><td></td><td colspan="4">2.0</td><td colspan="3">30.6</td></tr>
<tr><td rowspan="5">渗水量测定记录</td><td>次数</td><td>观测起始时间 T_1</td><td>观测结束时间 T_2</td><td>恒压时间 t（min）</td><td>恒压时间内补入的水量 W（L）</td><td>实测渗水量 q（L/min·m）</td><td>平　均（L/min·m）</td></tr>
<tr><td>1</td><td>13:15</td><td>13:28</td><td>13</td><td>9.88</td><td>0.0095</td><td rowspan="3">0.0082</td></tr>
<tr><td>2</td><td>13:36</td><td>13:47</td><td>11</td><td>8.39</td><td>0.0095</td></tr>
<tr><td>3</td><td>13:58</td><td>14:10</td><td>12</td><td>9.15</td><td>0.0095</td></tr>
<tr><td colspan="7">折合平均实测渗水量　13.68　（m^3/（24h·km））</td></tr>
<tr><td>外观记录</td><td colspan="7">试验时未见渗漏现象</td></tr>
<tr><td>鉴定意见</td><td colspan="7">合格</td></tr>
<tr><td rowspan="2">参加单位及人员</td><td colspan="2">建设单位</td><td colspan="2">监理单位</td><td colspan="2">施工单位</td><td></td></tr>
<tr><td colspan="2">×××</td><td colspan="2">×××</td><td colspan="2">×××</td><td></td></tr>
</table>

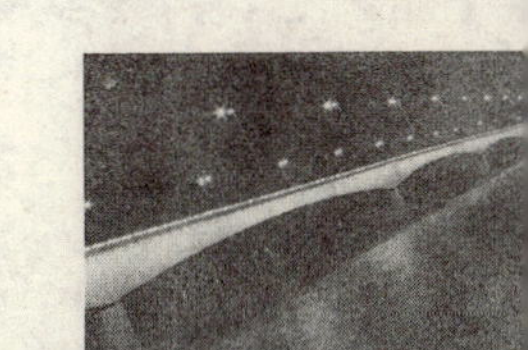

水池满水试验记录 之一

试验表 36

<table>
<tr><td>工程名称</td><td colspan="4">××市××水厂</td></tr>
<tr><td>水池名称</td><td>清水池</td><td colspan="2">施工单位</td><td>××市××供水工程公司</td></tr>
<tr><td>水池结构</td><td>钢筋混凝土</td><td colspan="2">允许渗水量（$L/m^2 \cdot d$）</td><td>2</td></tr>
<tr><td>水池平面尺寸（m×m）</td><td>50.0×40.0</td><td colspan="2">水面面积 $A1$（m^2）</td><td>2000</td></tr>
<tr><td>水　　深（m）</td><td>4.5</td><td colspan="2">湿润面积 $A2$（m^2）</td><td>2000＋（180×4.5）＝2810</td></tr>
<tr><td>测读记录</td><td>初　读　数</td><td colspan="2">末　读　数</td><td>两次读数差</td></tr>
<tr><td>测读时间
（年、月、日、时、分）</td><td>××年5月
8日16时20分</td><td colspan="2">××年5月
9日16时20分</td><td>24h</td></tr>
<tr><td>水池水位 E（mm）</td><td>0.0</td><td colspan="2">－4.7</td><td>4.7</td></tr>
<tr><td>蒸发水箱水位 e（mm）</td><td>0.0</td><td colspan="2">－2.1</td><td>2.1</td></tr>
<tr><td>大气温度（℃）</td><td>20.0</td><td colspan="2">26.0</td><td>－6.0</td></tr>
<tr><td>水　　温（℃）</td><td>15.0</td><td colspan="2">17.0</td><td>－2.0</td></tr>
<tr><td rowspan="2">实际渗水量</td><td>m^3/d</td><td colspan="2">$L/m^2 \cdot d$</td><td>占允许量的百分率%</td></tr>
<tr><td>4.169</td><td colspan="2">1.484</td><td>74.2%</td></tr>
<tr><td rowspan="2">参加单位人员</td><td>建设单位</td><td>施工单位</td><td>监理单位</td><td></td></tr>
<tr><td>×××</td><td>×××</td><td>×××</td><td></td></tr>
</table>

水池满水试验记录 之二

试验表36

<table>
<tr><td>工程名称</td><td colspan="4">××市××水厂</td></tr>
<tr><td>水池名称</td><td>进水池</td><td colspan="2">施工单位</td><td>××市××供水工程公司</td></tr>
<tr><td>水池结构</td><td>砖石结构</td><td colspan="2">允许渗水量（$L/m^2 \cdot d$）</td><td>3.0</td></tr>
<tr><td>水池平面尺寸（m×m）</td><td>8.0×16.0</td><td colspan="2">水面面积 $A1$（m^2）</td><td>128.0</td></tr>
<tr><td>水　深（m）</td><td>4.2</td><td colspan="2">湿润面积 $A2$（m^2）</td><td>$128+48\times4.2=329.6$</td></tr>
<tr><td>测读记录</td><td>初　读　数</td><td colspan="2">末　读　数</td><td>两次读数差</td></tr>
<tr><td>测读时间
（年、月、日、时、分）</td><td>××年5月
10日16时20分</td><td colspan="2">××年5月
11日16时20分</td><td>24.0</td></tr>
<tr><td>水池水位 E（mm）</td><td>0.0</td><td colspan="2">-5.8</td><td>5.8</td></tr>
<tr><td>蒸发水箱水位 e（mm）</td><td>0.0</td><td colspan="2">-2.5</td><td>2.5</td></tr>
<tr><td>大气温度（℃）</td><td>26.0</td><td colspan="2">24.0</td><td>2</td></tr>
<tr><td>水　温（℃）</td><td>17.0</td><td colspan="2">16.0</td><td>1</td></tr>
<tr><td rowspan="2">实际渗水量</td><td>m^3/d</td><td colspan="2">$L/m^2 \cdot d$</td><td>占允许量的百分率%</td></tr>
<tr><td>$0.4224-0.011=0.4114$</td><td colspan="2">1.248</td><td>41.6</td></tr>
<tr><td rowspan="2">参加单位人员</td><td>建设单位</td><td>施工单位</td><td>监理单位</td><td></td></tr>
<tr><td>×××</td><td>×××</td><td>×××</td><td></td></tr>
</table>

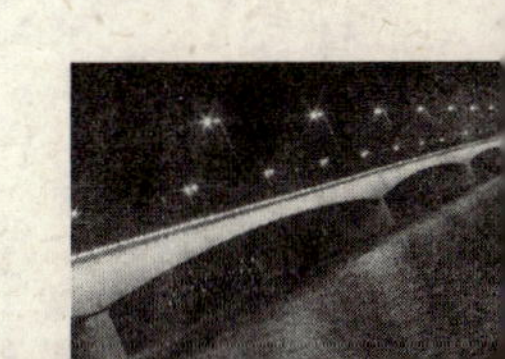

供水管道水压试验记录 之一 试验表 38

施工单位：××市××供水工程公司　　　　试验日期××年6月16日

<table>
<tr><td colspan="2">工程名称</td><td colspan="5">××市××路供水管道工程</td></tr>
<tr><td colspan="2">桩号及地段</td><td colspan="5">1+928.6—2+635.4</td></tr>
<tr><td colspan="2">管径（mm）</td><td colspan="2">管材</td><td colspan="2">接口种类</td><td>试验段长度 L（m）</td></tr>
<tr><td colspan="2">DN600</td><td colspan="2">球墨铸铁管</td><td colspan="2">膨胀水泥承插接口</td><td>706.8</td></tr>
<tr><td colspan="2">工作压力（MPa）</td><td colspan="2">试验压力（MPa）</td><td colspan="2">10分钟降压值（MPa）</td><td>允许渗水量
L/（min·km）</td></tr>
<tr><td colspan="2">0.48</td><td colspan="2">0.96</td><td colspan="2">0.055</td><td>2.4</td></tr>
<tr><td rowspan="11">试
验
方
法</td><td rowspan="5">注
水
法</td><td>次数</td><td>达到试验压力的时间 T_1</td><td>恒压结束时间 T_2</td><td>恒压时间内注入的水量 W（L）</td><td>渗水量
q（L/min·m）</td></tr>
<tr><td>1</td><td>8:35</td><td>10:45</td><td>222</td><td>0.002416</td></tr>
<tr><td>2</td><td>13:45</td><td>15:50</td><td>138</td><td>0.001562</td></tr>
<tr><td>3</td><td></td><td></td><td></td><td></td></tr>
<tr><td colspan="5">折合平均渗水量　1.989　（L/min·km）</td></tr>
<tr><td rowspan="6">放
水
法</td><td>次数</td><td>由试验压力降压0.1MPa的时间 T_1</td><td>由试验压力放水下降0.1MPa的时间 T_2</td><td>由试验压力放水下降0.1MPa的放水量 W（L）</td><td>渗水量
q（L/min·m）</td></tr>
<tr><td>1</td><td></td><td></td><td></td><td></td></tr>
<tr><td>2</td><td></td><td></td><td></td><td></td></tr>
<tr><td>3</td><td></td><td></td><td></td><td></td></tr>
<tr><td colspan="5">折合平均渗水量　　（L/min·km）</td></tr>
<tr></tr>
<tr><td colspan="2">外观</td><td colspan="5">管道压力升至试验压力，恒压10min，管道无破损、无可见变形、无渗漏</td></tr>
<tr><td colspan="2">评语</td><td colspan="2">强度试验</td><td>合格</td><td>严密性试验</td><td>合格</td></tr>
<tr><td colspan="2" rowspan="2">参加单位
及人员</td><td>建设单位</td><td>施工单位</td><td>设计单位</td><td>监理单位</td><td></td></tr>
<tr><td>×××</td><td>×××</td><td></td><td>×××</td><td></td></tr>
</table>

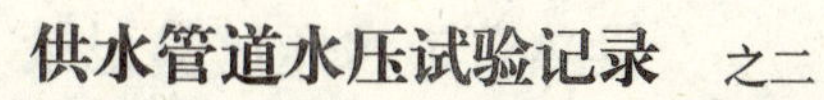

供水管道水压试验记录 之二

试验表 38

施工单位：××市××供水工程公司　　　　试验日期　××年6月16日

工程名称	××市××路供水管道工程					
桩号及地段	1+928.6—2+635.4					
管径（mm）	管材		接口种类		试验段长度 L（m）	
DN600	球墨铸铁管		膨胀水泥承插接口		706.8	
工作压力（MPa）	试验压力（MPa）		10分钟降压值（MPa）		允许渗水量 L/（min·km）	
0.48	0.96		0.055		2.4	
试验方法	注水法	次数	达到试验压力的时间 T_1	恒压结束时间 T_2	恒压时间内注入的水量 W（L）	渗水量 q（L/min·m）
		1				
		2				
		3				
		折合平均渗水量				（L/min·km）
	放水法	次数	由试验压力降压0.1MPa的时间 T_1	由试验压力放水下降0.1MPa的时间 T_2	由试验压力放水下降0.1MPa的放水量 W（L）	渗水量 q（L/min·m）
		1	36.7	5.2	38.6	0.001734
		2				
		3				
		折合平均渗水量		1.734		（L/min·km）
外观	管道压力升至试验压力，恒压10min，管道无破损、无可见变形、无渗漏					
评语	强度试验		合格	严密性试验	合格	
参加单位及人员	建设单位	施工单位	设计单位	监理单位		
	×××	×××		×××		

供热管道水压试验记录

试验表 39

施工单位：××安装工程公司

工程名称	××市××供热工程	试验日期	××年3月23日
试压范围 （起止桩号）	0+643－0+778.6	管　径	*DN*100
试压总长度（m）	135.6		
试验压力（MPa）	0.9	隐压时间 （min）	10.0
允许压力降（MPa）	30min内不超过0.2×0.0981		
实际压力降（MPa）	30min内压力降为0.067×0.0981		
试验结果	合格		
试验情况	先升压至工作压力的1.5倍，稳压10min管道无破坏、无变形、无渗漏，强度试验合格 然后将压力降至工作压力，稳压30min用1kg重的小锤在焊缝周围轻击，并对焊缝逐个检查，未见渗漏，且压力降未超过允许压力降。严密性试验合格		

参加单位及人员	建设单位	监理单位	设计单位	施工单位	
	×××	×××	×××	×××	

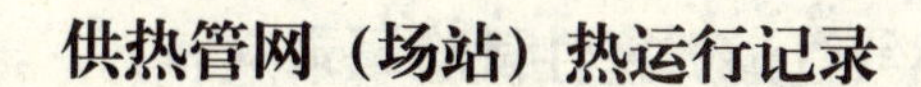

供热管网（场站）热运行记录

试验表 40

施工单位：××安装工程公司

工程名称	××市××供热工程		
热运行范围	整个管网		
热运行时间	从 12 月 12 日 10 时 30 分 起 至 12 月 15 日 10 时 30 分止		
热运行温度（℃）	158	热运行压力	0.6MPa
是否连续运行	是	热运行累计时间	72h

热运行情况：

水泵试运转（2h）合格后，供热管网才开始热运行，先缓慢升温，低温热运行正常后再缓慢升温到设计参数运行。达到设计参数后开始计算热运行时间。运行期间，检查管网各部位及其部件和设备工作状态都正常。运行合格

处理意见：

签章	建设单位	监理单位	试运行组织单位	施工单位	设计单位	管理单位
	×××	×××		×××	×××	×××

燃气管道严密性试验记录（一） 之一

试验表 41

工程名称	××路（××路－××路）低压煤气管道工程						
施工单位	××安装工程公司						
压力级制及管径	20kPa 压Φ325×7			压力计种类		U 型压力计	
起止桩号及长度	465m			管道材质		螺焊钢管	
充气时间	××年5月7日8时			记录开始时间		××年5月8日9时	
稳压时间	24时			记录结束时间		××年5月9日9时	
开始时间大气压值	1009.3HPa			结束时间大气压值		1008.9HPa	
时间	上读数（mm 汞柱）	下读数（mm 汞柱）	土温度（℃）	时间	上读数（mm 汞柱）	下读数（mm 汞柱）	土温度（℃）
9:00	995.5	824.5	20.5	22:00	995.0	825.0	20.6
10:00	995.5	824.5	20.5	23:02	995.0	825.0	20.6
11:03	995.5	824.5	20.5	00:01	995.0	825.0	20.6
12:01	995.5	824.5	20.5	01:01	995.0	825.0	20.7
13:00	995.5	824.5	20.5	02:00	995.0	825.0	20.7
14:02	995.5	824.5	20.5	03:03	995.0	825.0	20.7
15:04	995.5	824.5	20.5	04:00	995.0	825.0	20.7
16:00	995.5	824.5	20.5	05:01	995.0	825.0	20.7
17:01	995.5	824.5	20.6	06:03	995.0	825.0	20.7
18:03	995.5	824.5	20.6	07:02	995.0	825.0	20.7
19:02	995.5	824.5	20.6	08:01	995.0	825.0	20.7
20:00	995.5	824.5	20.6	09:00	995.0	825.0	20.7
21:03	995.0	825.0	20.6				
△P	499.3（3.74mm 汞柱）			△P'	257.4（1.93）		

施工项目技术负责人	质检员	记录人
×××	×××	×××

燃气管道严密性试验记录（一） 之二

试验表 41

工程名称	××路（××路－××路）中压煤气管道工程						
施工单位	××安装工程公司						
压力级制及管径	0.14MPa 压 φ325×7φ219×6			压力计种类		U 型压力计	
起止桩号及长度	1325m 200m			管道材质		螺焊钢管 无缝钢管	
充气时间	年 5 月 7 日 8 时			记录开始时间		年 5 月 8 日 9 时	
稳压时间	24 时			记录结束时间		年 5 月 9 日 9 时	
开始时间大气压值	1009.3HPa			结束时间大气压值		1008.9HPa	
时间	上读数（mm 汞柱）	下读数（mm 汞柱）	土温度（℃）	时间	上读数（mm 汞柱）	下读数（mm 汞柱）	土温度（℃）
9:00	1578.0	242.0	20.5	22:01	1573.0	247.0	20.6
10:00	1578.0	242.0	20.5	23:02	1573.0	247.0	20.6
11:03	1577.0	243.0	20.5	00:01	1572.0	248.0	20.6
12:01	1577.0	243.0	20.5	01:03	1572.0	248.0	20.7
13:00	1576.0	244.0	20.5	02:00	1572.0	248.0	20.7
14:02	1576.0	244.0	20.5	03:02	1571.0	249.0	20.7
15:00	1575.0	245.0	20.5	04:00	1571.0	249.0	20.7
16:00	1575.0	245.0	20.5	05:01	1571.0	249.0	20.7
17:02	1575.0	245.0	20.6	06:01	1570.0	250.0	20.7
18:03	1574.0	246.0	20.6	07:02	1570.0	250.0	20.7
119:02	1574.0	246.0	20.6	08:01	1569.0	251.0	20.7
20:01	1574.0	246.0	20.6	09:00	1569.0	251.0	20.7
21:03	1573.0	247.0	20.6				
△P	5945.2（44.6mm 汞柱）			△P'	2628.2（19.7mm 汞柱）		

施工项目技术负责人	质检员	记录人
×××	×××	×××

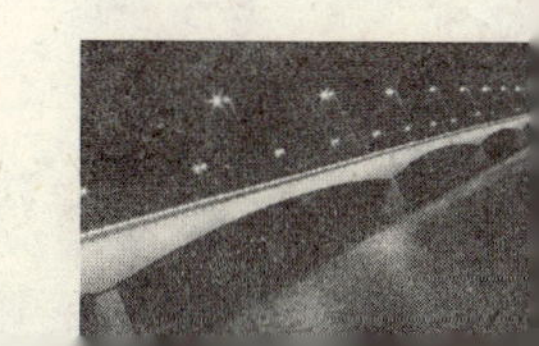

燃气管道严密性试验记录（二）

试验表42

工程名称	××市××路燃气工程（××路－1＋980）				
施工单位	××机电设备安装有限公司				
压力计种类	弹簧压力计	压力计精度等级	0.4级	压力单位（MPa）	MPa
压力级制	中压管		管道材质	螺焊钢管、无缝钢管	
公称直径	φ159×6mm		充气时间	××年1月12日8时	
起止桩号及长度	1＋982.8－××路2＋610.5长724m		记录开始时间	××年1月13日10时	
稳压时间	24h		记录结束时间	××年1月13日10时	
开始时间大气压值	1029.8HPa		结束时间大气压值	1019.6HPa	
时　间	压　力	时　间	压　力	时　间	压　力
10:02	0.477	19:02	0.477	04:01	0.478
11:05	0.477	20:07	0.477	05:02	0.478
12:00	0.477	21:04	0.477	06:06	0.478
13:05	0.477	22:01	0.477	07:04	0.478
14:04	0.477	23:04	0.477	08:05	0.478
15:06	0.477	00:06	0.477	09:01	0.478
16:04	0.477	01:06	0.477	10:07	0.478
17:06	0.477	02:04	0.477		
18:04	0.477	03:05	0.477		
其他说明：					

施工项目技术负责人	质检员	记录人
×××	×××	×××

燃气管道严密性试验验收单 之一

试验表 43

工程名称：××市××路燃气工程　　　　××年 1 月 18 日

起止桩号	1+982.8－××路（1+982.8－2+610.5）	压力级别及管径	0.46MPa 压 Φ159×6
接口作法	法兰连接、氩电联焊	试验次数	第 1 次　共 1 次
设计试验压力	0.477MPa	开始试验压力	477000 Pa
		结束试验压力	478000 Pa
开始试验土壤温度	9.7℃	施工单位	××机电设备安装有限公司
结束试验土壤温度	11.1℃		
试验介质	压缩空气	长度（m）	724
起始大气压值	102.98kPa	允许压力降$\triangle P$	6531Pa
结束大气压值	101.96kPa	实际压力降$\triangle P'$	2878Pa
试验结果	$\triangle P=40\times24/0.147=6531$Pa $\triangle P'=(477000+102980)-(478000+101960)(273+9.7)/(273+11.1)=2878$Pa 实际压力降小于允许压力降，　试验合格		
处理意见			
备注			

参加单位及人员	建设单位	监理单位	设计单位	施工单位	
	×××	×××		×××	

第4章　施工技术文件主要表格填写范例

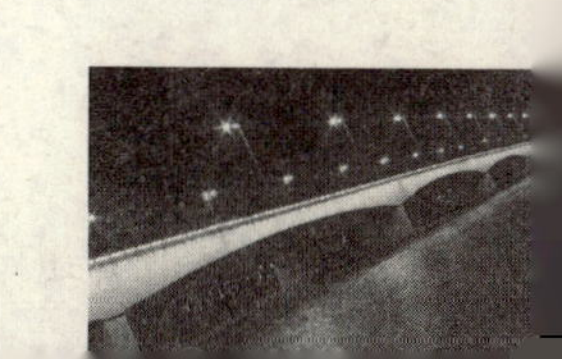

燃气管道严密性试验验收单 之二　　　　试验表43

工程名称：××路（××路-××路）低压煤气管道工程　　　　××年1月18日

起止桩号	0+056-0+0+521	压力级别及管径	20kPa压Φ325×7		
接口作法	法兰连接、氩电联焊	试验次数	第1次　共1次		
设计试验压力	20kPa	开始试验压力	171mm汞柱（22798.1）		
		结束试验压力	170mm汞柱（22664.7）		
开始试验土壤温度	20.5℃	施工单位	××安装工程公司		
结束试验土壤温度	20.7℃				
试验介质	压缩空气	长度（m）	465		
起始大气压值	1009.3HPa	允许压力降△P	499.3Pa（3.74mm汞柱）		
结束大气压值	1008.9HPa	实际压力降△P'	257.4Pa（1.93mm汞柱）		
试验结果	△P=6.47×24/0.311=499.3Pa（3.74mm汞柱） △P'=（22798.1+100930）-（22664.2+100890）（273+20.5）/（273+20.7）=257.4Pa（1.93mm汞柱） 实际压力降小于允许压力降，　试验合格				
处理意见					
备注					
参加单位及人员	建设单位	监理单位	设计单位	施工单位	
	×××	×××		×××	

燃气管道强度试验记录 之一

试验表44

工程名称：××市××路燃气工程　　试验日期：××年1月17日

起止桩号	2+965.3	管　径	φ219×6
接口作法	法兰连接、氩电联焊	管道材质	无缝钢管（20号）
试验压力	0.66MPa	施工单位	××机电设备安装有限公司
试验介质	压缩空气		

试验情况：试验时先缓慢将压力升至试验压力的1/3，稳压15min，再将压力升至试验压力的2/3，再稳压15min，然后将压力升至试验压力，稳压1h

试验结果：压力升至试验压力后，稳压1h无降压。刷漏检查无渗漏。结论：合格

参加单位及人员	建设单位	监理单位	设计单位	施工单位	
	×××	×××		×××	

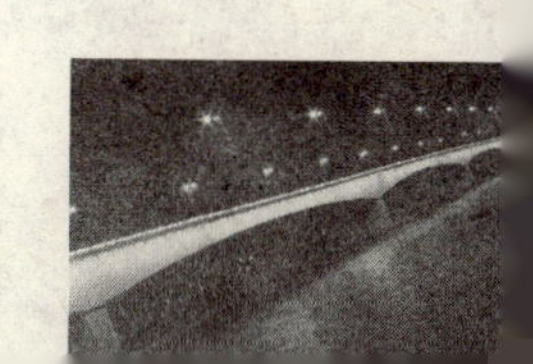

燃气管道强度试验记录 之二

试验表 44

工程名称：××市××路（××路—××路）低压煤气管道工程　试验日期××年1月17日

起止桩号	2+965.3	管　径	ϕ325×7
接口作法	法兰连接、氩电联焊	管道材质	螺焊钢管
试验压力	0.3MPa	施工单位	××安装工程公司
试验介质	压缩空气		

试验情况：试验时先缓慢将压力升至试验压力的1/3，稳压15min，再将压力升至试验压力的2/3，再稳压15min，然后将压力升至试验压力，稳压1h

试验结果：压力升至试验压力后，稳压1小时无降压。刷漏检查无渗漏。结论：合格

参加单位及人员	建设单位	监理单位	设计单位	施工单位	
	×××	×××		×××	

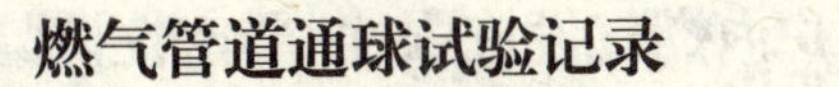

燃气管道通球试验记录

试验表 45

工程名称：××市××路（××路~××路）煤气管道工程　　试验日期：××年×月×日

<table>
<tr><td>管道规格</td><td>ϕ219×6</td><td>起止桩号</td><td colspan="3">2+965.3-3+069</td></tr>
<tr><td>试验单位</td><td colspan="5">××机电设备安装有限公司</td></tr>
<tr><td>0 发球时间</td><td>9:45</td><td>收球时间</td><td colspan="3">9:55</td></tr>
<tr><td colspan="6">试验情况：通球时选用与管道内径一致的橡胶球，观察发球装置处压力的变化，当发球处压力表指针时上时下时，说明球在管道内向前推进，当接球、发球两处压力平衡时说明球已到接球装置处</td></tr>
<tr><td colspan="6">试验结果：球已顶过整段管道，管内杂质已清理干净。试验合格</td></tr>
<tr><td rowspan="2">参加单位及人员</td><td>建设单位</td><td>监理单位</td><td>设计单位</td><td>施工单位</td><td>试验单位</td></tr>
<tr><td>×××</td><td>×××</td><td></td><td>×××</td><td>×××</td></tr>
</table>

户内燃气设施强度/严密性试验记录

试验表 46

工程名称		××市××路××居住区燃气工程						
施工单位		××煤气工程安装公司						
试验项目		☑强度		☑严密性	试验日期		××年5月6日	
试验压力		强度 100kPa		严密性 5kPa	允许压力降		0	kPa
	楼　　号	48	49	50	51	52	53	54
	户　数　（户）	48	48	36	36	36	48	48
	主　立　管（数量）	8	8	6	6	6	8	8
	引　入　口（个）	8	8	6	6	6	8	8
	燃　气　表（台）	48	48	36	36	36	48	48
	燃　气　灶（台）	48	48	36	36	36	48	48
	热　水　器（台）	40	38	34	32	33	42	46
强度试验	试验压力（kPa）	100	100	100	100	100	100	100
	刷　漏　结　果	不漏气	不漏气	不漏气	不漏气	不漏气	不漏气	不漏气
严密性试验	试验压力（kPa）	5	5	5	5	5	5	5
	保压时间（min）	15	15	15	15	15	15	15
	最大压力降（kPa）	无降压	无降压	无降压	无降压	无降压	无降压	无降压
合　格								

监理（建设）单位	设计单位	施工单位		
		项目技术负责人	施工项目负责人	
×××		×××	×××	

阀门试验记录

试验表 48

工程名称：××市××路燃气工程　　部位：1+980－××路

××年10月9日

试验时间	阀门型号	规格	阀门编号（位置）	试验介质	强度试验		严密试验（MPa）	试验结果	备注
					压力（MPa）	停压时间			
××/10/9	Q347F－16C	*DN*200	2+973.8	水	2.4	60S	1.6	合格	
××/10/9	Q347F－16C	*DN*150	2+200向北留头	水	2.4	60S	1.6	合格	
××/10/9	Q347F－16C	*DN*150	2+610.5	水	2.4	60S	1.6	合格	
××/10/9	Q347F－16C	*DN*150	2+220向南留头	水	2.4	60S	1.6	合格	

建设单位：	监理单位：	施工单位：	施工项目技术负责人	质检员	工长	班长
×××	×××		×××	×××		×××

注：强度试验为阀门公称压力的1.5倍，严密性试验为阀门公称压力。

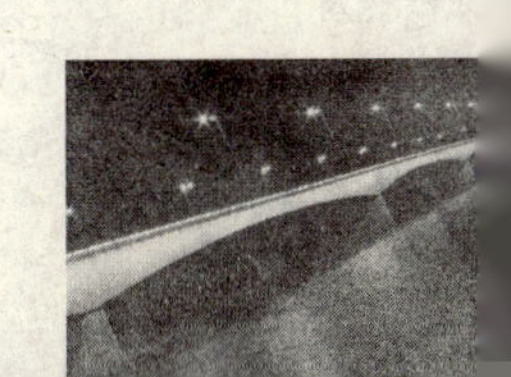

电气绝缘电阻测试记录

试验表 49

工程名称	××市×号泵房机房			施工单位			××安装公司			
计量单位	MΩ（兆欧）			试验日期			2003 年 10 月 7 日			
仪表型号	ZC25－3	电压	500V	天气情况			晴	气温	17℃	
试验内容	相间			相对零			相对地			零对地
	L_1-L_2	L_2-L_3	L_3-L_1	L_1-N	L_2-N	L_3-N	L_1-P_E	L_2-P_E	L_3-P_E	$N-P_E$
层段·路别·名称·编号 KX3－0	165	185	205	135	135	125	165	125	145	120
KX4－0	145	165	185	175	165	145	125	155	135	135
TK1－03	195	205	175	135	125	145	125	165	155	135
KX5－0	160	175	195	200	135	185	175	125	165	145
KX6－0	165	175	175	135	125	165	175	145	125	135
TK2－0	185	195	175	145	165	125	185	195	170	180
TK3－0	175	170	160	185	175	135	125	165	185	170
测试结论	合格									

参加单位及人员	建设单位	监理单位	施工员	质检员	测试人（二人）
	×××	×××	×××	×××	×××
					×××

注：1. 本表适用于单相、单相三线、三相四线、三相五线制的照明、动力线路及电缆线路，电机等绝缘电阻的测试。

2. 表中 L_1 代表第一相、L_2 代表第二相、L_3 代表第三相、N 代表零线（中性线）P_E 代表保护接地线。

3. 参加人员第一栏是委托监理的工程均由监理代表签字。

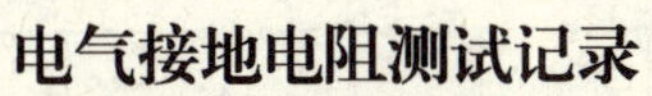

电气接地电阻测试记录

试验表 50

工程名称		××泵房机房		施工单位	××市政工程公司	
仪表型号		Zc－8 型		测试日期	××××年××月××日	
计量单位		Ω（欧姆）		天气情况	晴天	气温 27℃
接地类型		防雷接地	保护接地	重复接地	接地	接地
组别及实测数据	1	0.8Ω	0.5Ω	0.9Ω		
	2	1.0Ω	0.2Ω	0.4Ω		
	3					
	4					
	5					
	6					
	7					
	8					
	9					
	10					
设计要求		≤10Ω	≤4Ω	≤4Ω	≤Ω	≤Ω
测试结论	合格					
参加单位及人员	建设单位	监理单位	设计单位	施工员	质检员	测试人（二人）
	×××	×××		×××	×××	××× ×××

注：1. 本表适用于各种类型接地电阻的测试。

2. 非重点及设计无特殊要求的工程，设计单位可不参加签字。

3. 参加人员第一栏凡是委托监理的工程均由监理代表签字。

导线点复测记录

施记表 1

工程名称：××市××工程　　施工单位：××市政工程公司　　复测部位：　　日期：××××年9月8日

测点	测角°′″	方位角°′″	距离（m）	纵坐标增量ΔX（m）	横坐标增量ΔY（m）	坐标X（m）	坐标Y（m）	备注
A								
		45. 00. 00						
B	+18″ 120. 30. 00					200. 0	200. 0	
		104. 29. 42	297. 26	−7 −74. 40	+6 +287. 80			
1	+18″ 215. 15. 30					125. 53	487. 86	
		72. 13. 54	187. 81	−5 +57. 31	+4 +178. 85			
2	+18″ 145. 10. 00					182. 79	666. 75	
		107. 03. 36	93. 40	−2 −27. 40	+2 89. 29			
C	+18″ 170. 18. 30					155. 37	756. 06	
		116. 44. 48						
D								
Σ	648. 14. 00		578. 47	−44. 49	+555. 94			

计算（另附简图）：　　结论：成果合格

1. 角度闭合差：$f_{测} = -72''$　　$f_{容} = \pm 40\sqrt{4} = \pm 80''$

2. 坐标增量闭合差：$f_x = 0.14$　　$f_y = -0.12$

3. 导线相对闭合差：$f = 0.18$　　$K = 1/3214 < 1/2000$

观测：×××　　复测：×××　　计算：×××　　施工项目技术负责人：×××

水准点复测记录

施记表 2

工程名称：××市××桥工程　　　　施工单位：××市政工程有限公司

复测部位：　　　　日　期：××××年××月××日

测点	后视（1）	前视（2）	高差		高程（m）（4）	备注
			（3）＝（1）－（2）	（3）＝（1）－（2）		
SQ2					6.903	勘测院提供
	1301	877	424			
	1767	1351	416			
	1141	1545		404		
	1057	1373		316		
QBM4	1373	1053	320		7.023	成果点（7.026）
	1345	1260	85			
	1393	1121	272			
	1603	1293	310			
QBM6	1293	1673		380	8.010	成果点（8.014）
	1814	2006		192		
	787	1521		734		
	1704	1934		230		
SQ2	1330	908	422		6.896	成果点（6.903）

计算：

实测闭合差 = 6906 − 6896 = 7mm　　　　容许闭合差 = $\pm 12\sqrt{0.95} = \pm 11.7$mm

结论：

观测：×××　　复测：×××　　计算：×××　　施工项目技术负责人：×××

测量复核记录 之一

施记表 3

<table>
<tr><td>工程名称</td><td>××市××桥梁工程</td><td>施工单位</td><td colspan="2">××市政工程有限公司</td></tr>
<tr><td>复核部位</td><td>钻孔桩 2—6 号～2—10 号</td><td>日　期</td><td colspan="2">××年 9 月 13 日</td></tr>
<tr><td>原施测人</td><td colspan="2">×××</td><td>测量复核人</td><td>×××</td></tr>
<tr><td>测量复核情况（示意图）</td><td colspan="4">如右图所示：

首先，将经纬仪架设在 BM_2 点，后视 BM_1，此时读数为 05°33′49″，再逆时针方向转至角度读数为 324°50′47″和 310°00′09″的方向上，将 2－10 号和 2－6 号桩各两个控制桩 B_1 和 B_2、A_1 和 A_2 测设在距 $BM_1BM_2$42m 的桥位中心线上。然后将经纬仪架设在 BM_1 点，后视 BM_2，此时读数为 89°54′44″，再顺时针方向转至角度读数为 183°19′07″和208°05′27″的方向上，将 2－6 号和 2－10 号桩各两个控制桩 A_3 和 A_4、B_3 和 B_4 测设在距 $BM_1BM_2$42m 的位置上。与 A_1 和 A_2、B_1 和 B_2 相交于 A、B 两点，此即为 2－6 号桩和 2－10 号桩。最后按设计尺寸在 AB 直线上引出 2－7 号、2－8 号、2－9 号桩位
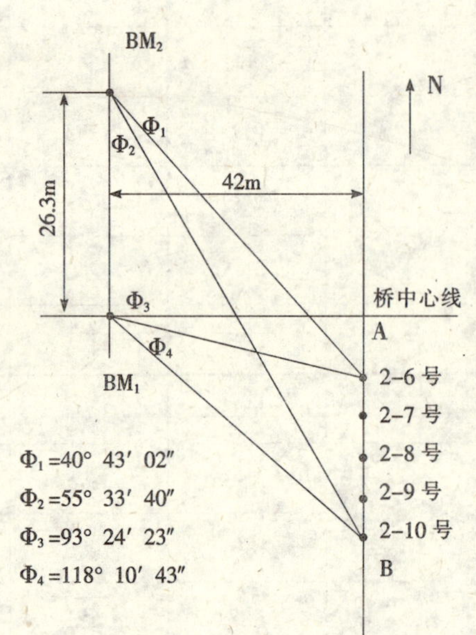
</td></tr>
<tr><td>复核结论</td><td colspan="4">符合要求</td></tr>
<tr><td>备注</td><td colspan="4"></td></tr>
</table>

观测：×××　　复测：×××　　计算：×××　　施工项目技术负责人：×××

市政工程施工技术资料管理与编制范例

测量复核记录 之二

施记表3

<table>
<tr><td>工程名称</td><td>××市××桥梁工程</td><td>施工单位</td><td>××市政工程有限公司</td></tr>
<tr><td>复核部位</td><td>钻孔桩3—1号~3—7号</td><td>日　期</td><td>××年9月10日</td></tr>
<tr><td>原施测人</td><td>×××</td><td>测量复核人</td><td>×××</td></tr>
<tr><td>测量复核情况示意图</td><td colspan="3">如右图所示
首先，将经纬仪架设在 BM_2 点，后视 BM_1，此时读数为08°37′22″，再逆时针方向转至角度读数为304°49′12″和279°39′14″的方向上，将3－7号和3－1号桩各两个控制桩 B_1 和 B_2、A_1 和 A_2 测设在距 $BM_1BM_2$50m的位置上。
然后将经伟仪架设在 BM_1 点，后视 BM_2，此时读数为5°34′28″，再顺时针方向转至角度读数为68°38′38″和93°37′38″的方向上，将3－1号和3－7号桩各两个控制桩 A_3 和 A_4、B_3 和 B_4 测设在距 $BM_1BM_2$50m的位置上。与 A_1 和 A_2、B_1 和 B_2 相交于A、B两点，此即为3－1号桩和3－7号桩
最后按设计尺寸在AB直线上引出3－2号、3－3号、3－4号、3－5号、3－6号桩位
50m　N　BM_2　A　Φ_1　Φ_2　3-1号　3-2号　3-3号　3-4号　3-5号　3-6号　3-7号　26.3m　Φ_3　Φ_4　B　BM_1
Φ_1=63° 48′ 10″
Φ_2=88° 58′ 08″
Φ_3=63° 04′ 10″
Φ_4=88° 03′ 10″</td></tr>
<tr><td>复核结论</td><td colspan="3">符合要求</td></tr>
<tr><td>备注</td><td colspan="3"></td></tr>
</table>

观测：×××　　复测：×××　　计算：×××　　施工项目技术负责人：×××

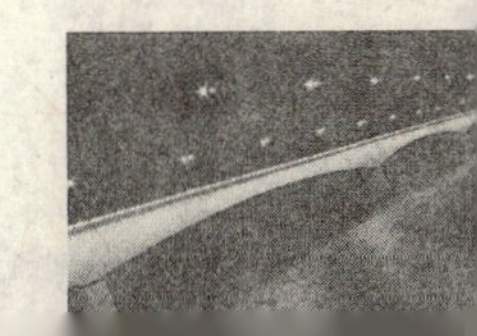

测量复核记录 之三

施记表 3

工程名称	××市××道路工程	施工单位	××市政工程有限公司
复核部位	路中心控制点	日期	××年7月28日
原施测人	×××	测量复核人	×××
测量复核情况示意图	根据××测绘部门提供的路中心线控制点 K0+000，K0+112，K0+313.532。经我方复测，其偏差为30″，在允许偏差（$40''\sqrt{n}=40''\times\sqrt{3}=69''$） K0+000　K0+112　K0+313.532		
复核结论	符合要求		
备注			

观测：×××　　复测：×××　　计算：×××　　施工项目技术负责人：×××

测量复核记录 之四

施记表3

<table>
<tr><td>工程名称</td><td>××市××桥梁工程</td><td>施工单位</td><td>××市政工程有限公司</td></tr>
<tr><td>复核部位</td><td>桥水准点</td><td>日　期</td><td>××年7月25日</td></tr>
<tr><td>原施测人</td><td>×××</td><td>测量复核人</td><td>×××</td></tr>
<tr><td>测量复核情况示意图</td><td colspan="3">根据××测绘部门提供的××路水准点 S_1、S_2、M_1、M_2、M_3，经我方复测，其偏差为5mm，在允许偏差（$\pm12\sqrt{L}=\pm12\times\sqrt{0.49}=8.4mm$）范围之内
经调整后，我方在工程中采用 $S_2=6.599m$ 水准点</td></tr>
<tr><td>复核结论</td><td colspan="3">符合要求</td></tr>
<tr><td>备注</td><td colspan="3"></td></tr>
</table>

观测：×××　　复测：×××　　计算：×××　　施工项目技术负责人：×××

测量复核记录 之五

施记表 3

工程名称	××市××桥梁挡墙工程	施工单位	××市政工程有限公司
复核部位	临时水准点	日　期	××年7月25日
原施测人	×××	测量复核人	×××

测量复核情况示意图

根据××测绘部门提供的××路水准点 $S_2 = 6.599m$，我方在桩号 K0 + 54.028 中心线以南 16.25m 分隔带上设临时水准点 BM_5

	点名	后视（m）	前视（m）	高程（m）	备注
往测	S_2	1.626		6.599	已知
	BM_5		1.007	7.219	
返测	BM_5	1.374		7.219	
	S_2		1.994	6.599	
平差后标高 $BM_5 = 7.219$					

复核结论	
备注	

观测：×××　　复测：×××　　计算：×××　　施工项目技术负责人：×××

沉井工程下沉记录

施记表 4

<table>
<tr><td colspan="2">工程名称</td><td colspan="9">××市 2—6 号泵站</td></tr>
<tr><td colspan="2">施工单位</td><td colspan="9">××市政工程有限公司</td></tr>
<tr><td colspan="2">沉井尺寸</td><td colspan="3">净空 6.0×10.0，高 7.8m</td><td colspan="3">预制日期</td><td colspan="3">××年 6 月 22 日</td></tr>
<tr><td colspan="2">下沉前混凝土强度（MPa）</td><td colspan="3">22.0</td><td colspan="3">设计刃脚标高（m）</td><td colspan="3">- 2.6</td></tr>
<tr><td rowspan="2">日期</td><td rowspan="2">测点编号</td><td rowspan="2">测点标高（m）</td><td rowspan="2">推算刃脚标高（m）</td><td colspan="2">高差</td><td colspan="2">位移</td><td rowspan="2">地质情况</td><td rowspan="2">水位标高（m）</td><td rowspan="2">停歇原因及时间</td></tr>
<tr><td>横向（mm）</td><td>纵向（mm）</td><td>横向（cm）</td><td>纵向（cm）</td></tr>
<tr><td rowspan="4">7月28日</td><td>1</td><td>11.553</td><td>3.753</td><td rowspan="4">8</td><td rowspan="4">12</td><td rowspan="4">向东 0.15</td><td rowspan="4">向北 0.12</td><td rowspan="4">粉质黏土</td><td rowspan="4">3.6</td><td rowspan="4"></td></tr>
<tr><td>2</td><td>11.556</td><td>3.756</td></tr>
<tr><td>3</td><td>11.545</td><td>3.745</td></tr>
<tr><td>4</td><td>11.544</td><td>3.744</td></tr>
<tr><td rowspan="4">7月29日</td><td>1</td><td>11.206</td><td>3.406</td><td rowspan="4">14</td><td rowspan="4">19</td><td rowspan="4">向东 0.22</td><td rowspan="4">向北 0.18</td><td rowspan="4">砂质黏土</td><td rowspan="4">3.6</td><td rowspan="4"></td></tr>
<tr><td>2</td><td>11.210</td><td>3.410</td></tr>
<tr><td>3</td><td>11.192</td><td>3.392</td></tr>
<tr><td>4</td><td>11.191</td><td>3.391</td></tr>
<tr><td rowspan="4">7月30日</td><td>1</td><td>10.818</td><td>3.018</td><td rowspan="4">20</td><td rowspan="4">26</td><td rowspan="4">向东 0.31</td><td rowspan="4">向北 0.28</td><td rowspan="4">砂质黏土</td><td rowspan="4">3.6</td><td rowspan="4"></td></tr>
<tr><td>2</td><td>10.822</td><td>3.022</td></tr>
<tr><td>3</td><td>10.798</td><td>2.998</td></tr>
<tr><td>4</td><td>10.796</td><td>2.996</td></tr>
<tr><td rowspan="4"></td><td></td><td></td><td></td><td rowspan="4"></td><td rowspan="4"></td><td rowspan="4"></td><td rowspan="4"></td><td rowspan="4"></td><td rowspan="4"></td><td rowspan="4"></td></tr>
<tr><td></td><td></td><td></td></tr>
<tr><td></td><td></td><td></td></tr>
<tr><td></td><td></td><td></td></tr>
</table>

施工员（工长）：××× 填表：×××

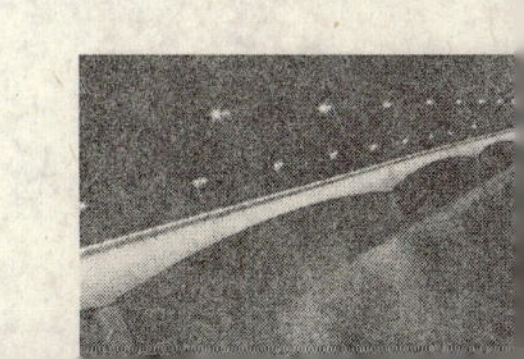

打 桩 记 录

施记表 5

工程名称：××市××路××路口人行立交　　桩号：03　　桩机型号：D25

施工单位：××市政工程有限公司　设计桩尖标高(m)：-21.3　设计最后 50cm 贯入度(cm/次)：≤1.5

接桩形式：电弧焊　桩锤重量(t)：5.56　停打桩尖标高(m)：-21.3　桩断面尺寸及长度(cm)：40×40 长 25m

桩号	桩位	每阵锤击次数	每阵打入深度（cm）	每阵平均贯入度（cm/次）	累计贯入度(cm/次)	累计次数	最后 50cm 锤击次数	最后 50cm 平均贯入度（cm/次）	每根桩打桩时间
1	1-1			2.6		955	33	1.52	
2	1-2			2.55		980	35	1.43	
3	1-3			2.59		965	34	1.47	
4	1-4			2.56		978	35	1.43	
5	1-5			2.47		1012	39	1.28	
6	1-6			2.55		982	36	1.39	

记录：×××　　施工项目技术负责人：×××　　每根桩打桩时间（分）：×××

钻孔桩钻进记录（旋转钻） 之一

施记表 7

施工单位：××市政工程有限公司　　　机台标高：5.539m　　　设计孔深 15.343

工程名称	××市××路××桥工程			墩（台）号	3 号台	桩位编号	3—1 号桩		
地面标高（m）	+4.300	孔外水位标高（m）	+3.200	护筒顶标高（m）	+5.100	护筒底标高（m）	+3.100	护筒埋深（m）	1.200
钻机类型及编号		钻头类型及编号	三翼圆型	桩径（m）	φ1000	桩尖设计标高（m）	-9.804		

年月日	时间					工作内容	钻进深度（m）					孔底标高（m）	孔斜度	空位偏差（mm）				地质情况	泥浆				其他
	起		止		共计（小时）		钻杆长度	起钻读数	停钻读数	本次进尺	累计进尺			前	后	左	右		比重		黏度		
	时	分	时	分															进	出	进	出	
××.9.11	5	30	7	15	1:45	钻进		0		5.3	5.3												
	7	15	7	30	0:15	加杆	3.0																
	7	30	8	55	1:25	钻进		5.3		3.0	8.3												
	8	55	9	10	0:15	加杆	3.0																
	9	10	10	10	1:0	钻进		8.3		3.0	11.3												
	10	10	10	25	0:15	加杆	3.0																
	10	25	11	15	0:50	钻进		11.3		3.0	14.3												
	11	15	11	30	0:15	加杆	3.0																
	11	30	12	0	0:30	钻进		11.4		1.249	15.549	-10.01											
钻孔中出现的问题及处理方法																							

施工项目技术负责人：×××　　　工序负责人：×××　　　记录人：×××　　　××××年9月11日

施记表7

钻孔桩钻进记录（旋转钻）之二

施工单位：××市政工程有限公司　　机台标高：5.980m　　设计孔深16.080

工程名称	××市××路××桥工程			墩（台）号	2号墩	桩位编号	2—7号桩		
地面标高（m）	+1.620	孔外水位标高（m）	+0.600	护筒顶标高（m）	+2.500	护筒底标高（m）	+0.500	护筒埋深（m）	1.120
钻机类型及编号		钻头类型及编号	三翼圆型	桩径（m）	φ1500	桩尖设计标高（m）	-10.100		

年月日	时间					工作内容	钻进深度（m）					孔底标高（m）	孔斜度	空位偏差（mm）				地质情况	泥浆				其他
	起		止		共计（小时）		钻杆长度	起钻读数	停钻读数	本次进尺	累计进尺			前	后	左	右		比重		黏度		
	时	分	时	分															进	出	进	出	
××.9.15	4	0	5	1	1: 50	钻进		0		5.88	5.88												
	5	50	6	0	0: 15	加杆	3.20																
	6	5	7	1	1: 40	钻进		5.88		3.20	9.08												
	7	45	8	0	0: 15	加杆	3.20																
	8	0	9	1	5: 0	钻进		9.08		3.20	12.28												
	9	50	10	0	0: 15	加杆	3.20																
	10	5	11	1	1: 30	钻进		12.28		3.20	15.48												
	11	35	11	0	0: 15	加杆	3.20																
	11	50	12	0	0: 50	钻进		15.48		0.802	16.300	-10.320											
钻孔中出现的问题及处理方法																							

施工项目技术负责人：×××　　工序负责人：×××　　记录人：×××　　××××年9月15日

钻孔桩钻进记录（旋转钻） 之三

施记表7

施工单位：××市政工程有限公司　　机台标高：5.65　　设计孔深27.3m

<table>
<tr><td colspan="2">工程名称</td><td colspan="6">××市××路××桥工程</td><td colspan="3">墩（台）号</td><td colspan="4">0号台</td><td colspan="3">桩位编号</td><td colspan="6">0—4号</td></tr>
<tr><td colspan="2">地面标高（m）</td><td colspan="2">+4.40</td><td colspan="3">孔外水位标高（m）</td><td colspan="2">+3.20</td><td colspan="3">护筒顶标高（m）</td><td colspan="2">5.10</td><td colspan="3">护筒底标高（m）</td><td colspan="3">3.10</td><td colspan="2">护筒埋深（m）</td><td colspan="2">1.30</td></tr>
<tr><td colspan="3">钻机类型及编号</td><td colspan="3"></td><td colspan="2">钻头类型及编号</td><td colspan="3">三翼圆型</td><td colspan="2">桩径（m）</td><td colspan="3">φ1000</td><td colspan="4">桩尖设计标高（m）</td><td colspan="4">-23.794</td></tr>
<tr><td colspan="6">时间</td><td rowspan="3">工作内容</td><td colspan="5">钻进深度（m）</td><td rowspan="3">孔底标高（m）</td><td rowspan="3">孔斜度</td><td colspan="4">空位偏差（mm）</td><td rowspan="3">地质情况</td><td colspan="4">泥浆</td><td rowspan="3">其他</td></tr>
<tr><td rowspan="2">年月日</td><td colspan="2">起</td><td colspan="2">止</td><td rowspan="2">共计（小时）</td><td rowspan="2">钻杆长度</td><td rowspan="2">起钻读数</td><td rowspan="2">停钻读数</td><td rowspan="2">本次进尺</td><td rowspan="2">累计进尺</td><td rowspan="2">前</td><td rowspan="2">后</td><td rowspan="2">左</td><td rowspan="2">右</td><td colspan="2">比重</td><td colspan="2">黏度</td></tr>
<tr><td>时</td><td>分</td><td>时</td><td>分</td><td>进</td><td>出</td><td>进</td><td>出</td></tr>
<tr><td>××.9.11</td><td>5</td><td>0</td><td>8</td><td>30</td><td>3：30</td><td>钻进</td><td></td><td>0</td><td></td><td></td><td>6.5</td><td></td><td></td><td></td><td></td><td></td><td></td><td></td><td></td><td></td><td></td><td></td><td></td></tr>
<tr><td></td><td>8</td><td>30</td><td>8</td><td>40</td><td>0：10</td><td>加杆</td><td>4.79</td><td></td><td></td><td></td><td></td><td></td><td></td><td></td><td></td><td></td><td></td><td></td><td></td><td></td><td></td><td></td><td></td></tr>
<tr><td></td><td>8</td><td>40</td><td>10</td><td>00</td><td>1：20</td><td>钻进</td><td></td><td></td><td></td><td>4.79</td><td>11.29</td><td></td><td></td><td></td><td></td><td></td><td></td><td></td><td></td><td></td><td></td><td></td><td></td></tr>
<tr><td></td><td>10</td><td>00</td><td>10</td><td>10</td><td>0：10</td><td>加杆</td><td>4.79</td><td></td><td></td><td></td><td></td><td></td><td></td><td></td><td></td><td></td><td></td><td></td><td></td><td></td><td></td><td></td><td></td></tr>
<tr><td></td><td>10</td><td>10</td><td>12</td><td>20</td><td>2：10</td><td>钻进</td><td></td><td></td><td></td><td>4.79</td><td>16.08</td><td></td><td></td><td></td><td></td><td></td><td></td><td></td><td></td><td></td><td></td><td></td><td></td></tr>
<tr><td></td><td>12</td><td>20</td><td>12</td><td>30</td><td>0：15</td><td>加杆</td><td>4.79</td><td></td><td></td><td></td><td></td><td></td><td></td><td></td><td></td><td></td><td></td><td></td><td></td><td></td><td></td><td></td><td></td></tr>
<tr><td></td><td>12</td><td>30</td><td>13</td><td>50</td><td>1：20</td><td>钻进</td><td></td><td></td><td></td><td>4.79</td><td>20.87</td><td></td><td></td><td></td><td></td><td></td><td></td><td></td><td></td><td></td><td></td><td></td><td></td></tr>
<tr><td></td><td>13</td><td>50</td><td>14</td><td>00</td><td>0：15</td><td>加杆</td><td>4.79</td><td></td><td></td><td></td><td></td><td></td><td></td><td></td><td></td><td></td><td></td><td></td><td></td><td></td><td></td><td></td><td></td></tr>
<tr><td></td><td>14</td><td>00</td><td>14</td><td>50</td><td>0：50</td><td>钻进</td><td></td><td></td><td></td><td>4.79</td><td>25.66</td><td></td><td></td><td></td><td></td><td></td><td></td><td></td><td></td><td></td><td></td><td></td><td></td></tr>
<tr><td></td><td>14</td><td>50</td><td>15</td><td>00</td><td>0：10</td><td></td><td>4.79</td><td></td><td></td><td></td><td></td><td></td><td></td><td></td><td></td><td></td><td></td><td></td><td></td><td></td><td></td><td></td><td></td></tr>
<tr><td></td><td>15</td><td>00</td><td></td><td></td><td></td><td></td><td></td><td></td><td></td><td>4.79</td><td>30.45</td><td>-24.8</td><td></td><td></td><td></td><td></td><td></td><td></td><td></td><td></td><td></td><td></td><td></td></tr>
<tr><td colspan="2">钻孔中出现的问题及处理方法</td><td colspan="22"></td></tr>
</table>

施工项目技术负责人：×××　　工序负责人：×××　　记录人：×××　　××××年9月11日

钻孔桩记录汇总表

施记表8

工程名称：××市××路××桥工程

序号	墩(台)号	桩号	设计直径（m）	终孔直径（m）	设计孔底标高（m）	终孔孔底标高（m）	灌注前孔底标高（m）	备　注（有变更的要注明）
1	0	0-1	1.0	1.0	-23.794	-23.90	-23.90	
2	0	0-2	1.0	1.0	-23.794	-23.85	-23.85	
3	0	0-3	1.0	1.0	-23.794	-23.82	-23.82	
4	0	0-4	1.0	1.0	-23.794	-24.80	-24.80	
5	0	0-5	1.0	1.0	-23.794	-23.86	-23.86	
6	0	0-6	1.0	1.0	-23.794	-23.87	-23.87	
7	1	1-1	1.0	1.0	-23.794	-23.91	-23.91	
8	1	1-2	1.0	1.0	-23.794	-23.84	-23.84	
9	1	1-3	1.0	1.0	-23.794	-23.90	-23.90	
10	1	1-4	1.0	1.0	-23.794	-23.88	-23.88	
11	1	1-5	1.0	1.0	-23.794	-23.83	-23.83	
12	1	1-6	1.0	1.0	-23.794	-23.84	-23.84	
附图：桩平面位置偏差图示　　参照设计图纸编号：（　　）								

施工项目技术负责人：×××　　填表：×××　　施工员：×××　　××××年××月××日

钻孔桩成孔质量检查记录 之一

施记表9

××年×月×日

<table>
<tr><td>工程名称</td><td colspan="2">××市××路桥梁工程</td><td>施工单位</td><td colspan="5">××市政工程有限公司</td></tr>
<tr><td>墩台号</td><td>2号墩台</td><td>桩编号</td><td>2—7号桩</td><td>孔垂直度</td><td colspan="4"></td></tr>
<tr><td>护筒顶标高（m）</td><td>2.5</td><td colspan="2">设计孔底标高（m）</td><td>－10.10</td><td colspan="4">孔位偏差（mm）</td></tr>
<tr><td>设计直径（m）</td><td>1.5</td><td colspan="2">成孔孔底标高（m）</td><td>－10.32</td><td>前</td><td>后</td><td>左</td><td>右</td></tr>
<tr><td>成孔直径（m）</td><td>>1.5</td><td colspan="2">灌注前孔底标高（m）</td><td>－10.30</td><td></td><td></td><td></td><td></td></tr>
<tr><td>钻孔中出现的问题及处理方法</td><td colspan="8">正　　常</td></tr>
<tr><td rowspan="2">钢筋骨架</td><td>骨架总长（m）</td><td colspan="2">11.720</td><td>骨架底面标高（m）</td><td colspan="4">－10.100</td></tr>
<tr><td>骨架每节长（m）</td><td colspan="2">9＋3.32</td><td>连接方法</td><td colspan="4">单面焊</td></tr>
<tr><td>检查意见</td><td colspan="8">以上检查项目符合施工及设计规范要求</td></tr>
</table>

施工项目技术负责人：×××　　质检员：×××　　监理：×××

钻孔桩成孔质量检查记录 之二

施记表 9

××年×月×日

<table>
<tr><td>工程名称</td><td colspan="2">××市××路桥梁工程</td><td>施工单位</td><td colspan="5">××市政工程有限公司</td></tr>
<tr><td>墩台号</td><td>3 号墩台</td><td>桩编号</td><td>3—1 号桩</td><td>孔垂直度</td><td colspan="4"></td></tr>
<tr><td>护筒顶标高（m）</td><td>5.1</td><td colspan="2">设计孔底标高（m）</td><td>－9.804</td><td colspan="4">孔位偏差（mm）</td></tr>
<tr><td>设计直径（m）</td><td>1.0</td><td colspan="2">成孔孔底标高（m）</td><td>－10.010</td><td>前</td><td>后</td><td>左</td><td>右</td></tr>
<tr><td>成孔直径（m）</td><td>>1.0</td><td colspan="2">灌注前孔底标高（m）</td><td>－10.010</td><td></td><td></td><td></td><td></td></tr>
<tr><td>钻孔中出现的问题及处理方法</td><td colspan="8">正　　常</td></tr>
<tr><td rowspan="2">钢筋骨架</td><td>骨架总长（m）</td><td colspan="2">14.50</td><td>骨架底面标高（m）</td><td colspan="4">－9.804</td></tr>
<tr><td>骨架每节长（m）</td><td colspan="2">9＋6.1</td><td>连接方法</td><td colspan="4">单面焊</td></tr>
<tr><td>检查意见</td><td colspan="8">以上检查项目符合施工及设计规范要求</td></tr>
</table>

施工项目技术负责人：×××　　质检员：×××　　监理：×××

钻孔桩水下混凝土灌注记录 之一

施记表 10

日期：××年×月×日

工程名称	××市××路××桥梁工程		施工单位	××市政工程有限公司			
墩台编号	2 号墩	桩编号	2—7 号桩	桩设计直径（m）	φ1500	设计桩底标高（m）	-10.100m
灌注前孔底标高（m）	-10.300m	护筒顶标高（m）	2.5m	钢筋骨架底标高（m）		-10.1m	
计算混凝土方量（m³）	20.7m³	混凝土强度等级	C25	水泥品种等级	普硅 425 号	坍落度（cm）	18-22cm

时间	护筒顶至混凝土面深度（m）	护筒顶至导管下口深度（m）	导管拆除数量		实灌混凝土数量		钢筋位置情况、孔内情况、停灌原因、停灌时间、事故原因和处理情况等重要记事
			节数	长度（m）	本次数量（m³）	累计数量（m³）	
16：20~16：50	11.4	12.4	0	0	3.0	3.0	
16：50~17：35	6.4	7.4	2	5	9.7	12.7	
17：40~18：40	1.0	2.0	3	6.5	10.10	22.8	

施工项目技术负责人：××× 工序负责人：××× 记录：××× 监理：×××

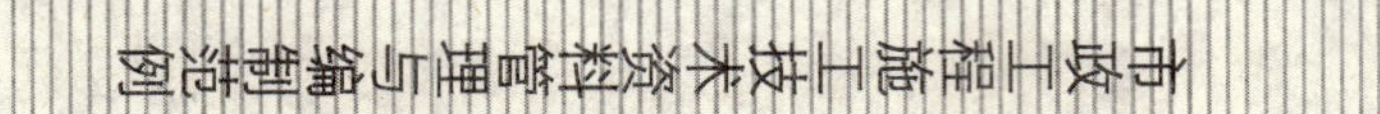

钻孔桩水下混凝土灌注记录 之二

施记表 10

日期：××年×月×日

工程名称	××市××路××桥梁工程		施工单位	××市政工程有限公司			
墩台编号	3 号台	桩编号	3—1 号桩	桩设计直径（m）	ϕ1000mm	设计桩底标高（m）	-9.804m
灌注前孔底标高（m）	-10.000m	护筒顶标高（m）	5.1m	钢筋骨架底标高（m）		9.8m	
计算混凝土方量（m^3）	11.5	混凝土强度等级	C25	水泥品种等级	普硅 32.5	坍落度（cm）	18～22cm

时间	护筒顶至混凝土面深度（m）	护筒顶至导管下口深度（m）	导管拆除数量		实灌混凝土数量		钢筋位置情况、孔内情况、停灌原因、停灌时间、事故原因和处理情况等重要记事
			节数	长度（m）	本次数量（m^3）	累计数量（m^3）	
12：55～13：10	13.7	14.7	0	0	1.51	1.51	
13：10～13：30	6.2	7.2	2	7.5	6.8	8.31	
13：35～13：55	0.5	1.5	3	7	5.4	13.41	

施工项目技术负责人：××× 工序负责人：××× 记录人：××× 监理：×××

施记表 11

预应力张拉数据表

工程名称：××路××路立交桥工程　　　　施工单位：××市政工程有限公司

部位	预应力钢筋编号	预应力钢筋种类	规格			张拉方式	抗拉标准强度（MPa）	张拉控制应力（MPa）	超张控制应力（MPa）	张拉初制应力（MPa）	控制张拉力（kN）	超张张拉力（kN）	张拉初始力（kN）	孔道累计转角 θ（rad）	孔道长度 X（m）	钢材弹性模量 E	孔道摩擦系数 μ	孔道偏差系数 k	计算伸长值 ΔL（cm）
			直径（mm）	根数	截面积（mm^2）														
16m 中板 边板	N_{1-1}	钢绞线	ϕj 15.24	3	139	两端	1860	19.08 19.05		2.25 2.12	585.9		117.2	14°	17.069	196×10^3	0.19	0.0015	118
	N_{1-2}	钢绞线	ϕj 15.24	3	139	两端	1860	19.08 19.05		2.25 2.12	585.9		117.2	14°	17.069	196×10^3	0.19	0.0015	118
	N_{2-1}	钢绞线	ϕj 15.24	3	139	两端	1860	19.08 19.05		2.25 2.12	585.9		117.2	2°	16.96	196×10^3	0.19	0.0015	120
	N_{2-1}	钢绞线	ϕj 15.24	3	139	两端	1860	19.08 19.05		2.25 2.12	585.9		117.2	2°	16.96	196×10^3	0.19	0.0015	120

施工项目负责人：×××　　　　填表人：×××　　　　填表日期：××××年××月××日

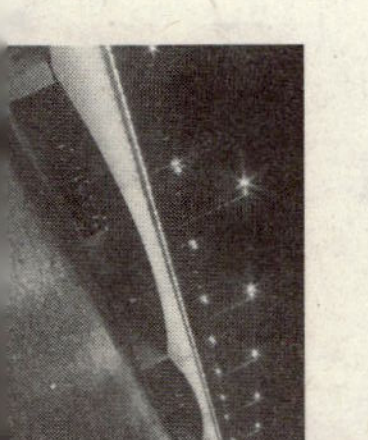

预应力张拉记录（一）

施记表 12

工程名称	××市×环×号桥				结构部位		预制梁板		施工单位	浙江××预制构件公司	
构件编号	1－2　1－25				张拉方式		先张法		张拉日期	××××年9月2日	
预应力钢筋种类	高强度低松弛钢绞线			规格	$\Phi^{J}15.24$		标准抗拉强度（MPa）	1860	张拉时混凝土强度（MPa）		
张拉机具设备编号	A端	千斤顶	QYCW－300	油泵	YZB2×1.5/63	压力表	012	计算伸长值（mm）		理论伸长值（mm）	621
	B端							断、滑丝情况		无	
初始应力	135（MPa）				控制应力值		1350（MPa）		超张拉控制应力值	（MPa）	

预应力钢筋编号	预应力钢筋束长（m）	张拉初应力（kN）	初应力阶段油表读数		控制张拉力（kN）	控制应力阶段油表读数		超张控制张拉力（kN）	超张控制阶段油表读数		实测伸长值（mm）	计算伸长值（mm）	伸长值偏差（%）
			A端	B端		A端	B端		A端	B端			
1	91940	1.8	5.1		187.7	39.2					613		－1.3
2	91940	1.8	5.1		187.7	39.2					620		－0.2
3	91940	1.8	5.1		187.7	39.2					615		－1.0
4	91940	1.8	5.1		187.7	39.2					626		－0.8
5	91940	1.8	5.1		187.7	39.2					618		－0.5
6	91940	1.8	5.1		187.7	39.2					623		+0.3
7	91940	1.8	5.1		187.7	39.2					615		－1.0
8	91940	1.8	5.1		187.7	39.2					617		－0.6
9	91940	1.8	5.1		187.7	39.2					620		－0.2

监理工程师：×××　　施工项目负责人：×××　　复核：×××　　记录：×××

预应力张拉记录（二）

施记表 13

工程名称：××市××桥梁工程　　施工单位：××市政工程有限公司

构件编号	1号梁板	预应力束编号		N_{1-2}	张拉日期	××年5月20日	
预应力钢筋种类	钢绞线	规格	ϕj15.24	标准抗拉强度（MPa）	1860	混凝土强度	46.3MPa
张拉控制应力 $\sigma k = 0.75 f_{ptk} = 1395\text{MPa}$					张拉混凝土构件龄期（d）		28
张拉机具设备编号	A端	千斤顶	1号	油泵	110A	压力表	74002
	B端		2号		110B		74003
应力值（MPa）		初始应力阶段	139.5	控制应力阶段	1395	超张拉应力阶段	1464.75
张拉力（kN）			100.19		1001.89		1051.98
压力表读数（MPa）	A端		3.47		36.85		38.64
	B端		3.08		36.06		37.73
理论伸长值（cm）	17.0	计算伸长值（cm）			顶楔时压力表读数（MPa）		36.85/36.06

实　测　伸　长　值						
阶　段	A　端			B　端		
	活塞伸出量（mm）	夹片外露（mm）	油表读数（MPa）	活塞伸出量（mm）	夹片外露（mm）	油表读数（MPa）
初始应力阶段 σ_0	1.9	0.5	3.46	1.9	0.5	3.10
相邻级别阶段 $2\sigma_0$						
倒顶						
二次张拉						
控制应力阶段	10.2	0.2	36.83	10.2	0.2	36.05
超张拉应力阶段	10.6	0.2	38.66	10.6	0.2	37.72
伸出量差值（mm）						
顶楔时压力表读数	A端 36.83	B端 36.05		实际伸长值（mm）		$\Sigma\Delta = 17.2$
张拉应力差值（%）	0.4		伸长值偏差（mm）		-1.2	
滑丝、断丝情况	无					

监理工程师：×××　　施工项目技术负责人：×××　　复核：×××　　记录：×××

预应力张拉记录

（后张法两端张拉）　　施记表 15

工程名称：××路××路立交桥　　施工单位：××市政工程有限公司

构件名称		张拉混凝土强度		45.2（MPa）			张拉日期	××年4月30日	
千斤顶编号	标定日期	标定资料编号	油压表编号	初应力读数（MPa）	超张拉油表读数（MPa）	安装时油表读数（MPa）	顶塞油表读数（MPa）	计算伸长值（mm）	理论伸长值（mm）
156号	4.27	03－109	0762	2.87		25.32			146　146
157号	4.26	03－108	0842	2.74		25.32			149　149

钢束编号	张拉断面编号	千斤顶编号	记录项目	张拉 初读数（MPa）	二倍初应力时读数	第一行程	第二行程	超张拉（%）	回油时回缩量（mm）	安装应力（MPa）	总延伸长度（mm）	滑、断丝情况	处理情况
N_{1-1}	A	0156号	油表读数（MPa）	2.87	5.37	25.32				25.32			
			尺读数（mm）	22	29	86				86	71		
	B	0157号	油表读数（MPa）	2.74	5.25	25.32				25.32			
			尺读数（mm）	22	28	89				89	73		
N_{1-2}	A	0156号	油表读数（MPa）	2.87	5.37	25.32				25.32			
			尺读数（mm）	23	30	92				92	76		
	B	0157号	油表读数（MPa）	2.74	5.25	25.32				25.32			
			尺读数（mm）	21	29	81				81	68		
N_{2-1}	A	0156号	油表读数（MPa）	2.87	5.37	25.32				25.32			
			尺读数（mm）	20	25	88				88	73		
	B	0157号	油表读数（MPa）	2.74	5.25	25.32				25.32			
			尺读数（mm）	21	28	88				88	74		
N_{2-1}	A	0156号	油表读数（MPa）	2.87	5.37	25.32				25.32			
			尺读数（mm）	14	19	83				83	74		
	B	0157号	油表读数（MPa）	2.74	5.25	25.32				25.32			
			尺读数（mm）	15	23	79				79	72		
张拉部位及直弯束示意图：													

监理工程师：×××　　施工项目技术负责人：×××　　复核：×××　　记录：×××

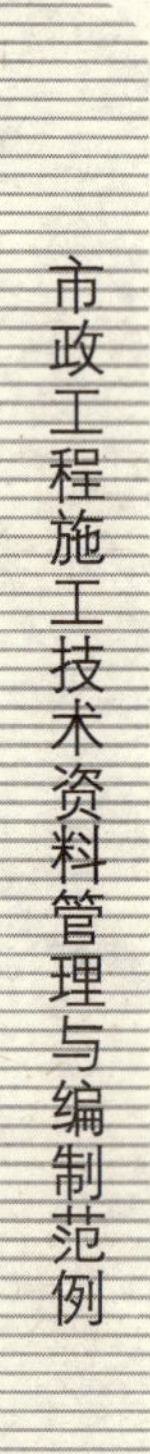

预应力张拉孔道压浆记录

施记表 16

工程名称	××市××路立交	施工单位	××市政工程有限公司
部位（构件）编号	20m 中板 1－2－3 号		

孔道编号	起止时间	压强（MPa）	水泥品种及等级	水灰比	冒浆情况	水泥浆用量	气温（℃）/净浆温度（℃）	28 天压浆强度
N_{1-1}		0.6	P·O 42.5	0.38	正常	0.049		38.3
N_{1-2}		0.6	P·O 42.5	0.38	正常	0.048		38.3
N_{2-1}		0.6	P·O 42.5	0.38	正常	0.048		38.3
N_{2-2}		0.6	P·O 42.5	0.38	正常	0.048		38.3
示意图								

记录：×××　　　　审核：×××

混凝土浇筑记录 之一

施记表 17

施工单位：××市政工程有限公司

<table>
<tr><td colspan="2">工程名称</td><td colspan="3">××市××路道路工程</td><td>浇筑部位</td><td colspan="3">K0+085—K0+100南侧上幅</td></tr>
<tr><td colspan="2">浇筑日期</td><td colspan="2">×年12月10日</td><td>天气情况</td><td>阴</td><td>室外气温</td><td colspan="2">11℃</td></tr>
<tr><td colspan="2">设计强度等级</td><td colspan="2">C35</td><td colspan="2">钢筋模板验收负责人</td><td colspan="3">王三（签名）</td></tr>
<tr><td rowspan="10">混凝土拌制方法</td><td rowspan="2">商品混凝土</td><td colspan="2">供料厂名</td><td>自拌</td><td>合同号</td><td colspan="3">/</td></tr>
<tr><td colspan="2">供料强度等级</td><td>/</td><td>试验单编号</td><td colspan="3">/</td></tr>
<tr><td rowspan="8">现场拌合</td><td colspan="7">配合比通知单编号</td></tr>
<tr><td rowspan="7">混凝土配合比</td><td>材料名称</td><td>规格产地</td><td>每立方米用量（kg）</td><td>每盘用量（kg）</td><td>材料含水质量（kg）</td><td>实际每盘用量（kg）</td></tr>
<tr><td>水泥</td><td>杭州P·O 42.5</td><td>410</td><td>100</td><td></td><td>100</td></tr>
<tr><td>石子</td><td>獐山</td><td>1297</td><td>316</td><td>1%</td><td>320</td></tr>
<tr><td>砂子</td><td>富阳</td><td>556</td><td>136</td><td>2%</td><td>138</td></tr>
<tr><td>水</td><td>自来水</td><td>172</td><td>42</td><td></td><td>38</td></tr>
<tr><td>掺合料</td><td>无</td><td></td><td></td><td></td><td></td></tr>
<tr><td>外加剂</td><td>无</td><td></td><td></td><td></td><td></td></tr>
<tr><td colspan="2">实测坍落度（cm）</td><td colspan="2">0.8cm</td><td>出盘温度（℃）</td><td colspan="2">11℃</td><td>入模温度（℃）</td><td>11℃</td></tr>
<tr><td colspan="2">混凝土完成数量（m^3）</td><td colspan="3">25.5m^3</td><td colspan="2">完成时间</td><td colspan="2">12月10日</td></tr>
<tr><td colspan="2">试块留置</td><td colspan="2">数量（组）</td><td colspan="5">编　号</td></tr>
<tr><td colspan="2">标养</td><td colspan="2">2</td><td colspan="5">其中抗压1（组），抗折1（组）</td></tr>
<tr><td colspan="2">有见证</td><td colspan="2">2</td><td colspan="5">同上</td></tr>
<tr><td colspan="2">同条件</td><td colspan="2">/</td><td colspan="5">/</td></tr>
<tr><td colspan="2">混凝土浇筑中出现的问题及处理方法</td><td colspan="7">浇筑中未出现问题，一切正常</td></tr>
</table>

注：本记录每浇筑一次混凝土，记录一张。

施工项目技术负责人 李五（签名）　　　　填表人 刘四（签名）

混凝土浇筑记录 之二

施记表17

施工单位：

<table>
<tr><td colspan="2">工程名称</td><td colspan="3">××市××路道路工程</td><td>浇筑部位</td><td colspan="3">K0+360—K0+470北侧下幅</td></tr>
<tr><td colspan="2">浇筑日期</td><td colspan="2">××年8月23日</td><td>天气情况</td><td>晴</td><td>室外气温</td><td colspan="2">37℃</td></tr>
<tr><td colspan="2">设计强度等级</td><td colspan="2">C35</td><td colspan="2">钢筋模板验收负责人</td><td colspan="3">王三（签名）</td></tr>
<tr><td rowspan="10">混凝土拌制方法</td><td rowspan="2">商品混凝土</td><td colspan="2">供料厂名</td><td>自拌</td><td>合同号</td><td colspan="3">/</td></tr>
<tr><td colspan="2">供料强度等级</td><td>/</td><td>试验单编号</td><td colspan="3">/</td></tr>
<tr><td rowspan="8">现场拌合</td><td colspan="3">配合比通知单编号</td><td colspan="4"></td></tr>
<tr><td rowspan="7">混凝土配合比</td><td>材料名称</td><td>规格产地</td><td>每立方米用量（kg）</td><td>每盘用量（kg）</td><td>材料含水质量（kg）</td><td>实际每盘用量（kg）</td></tr>
<tr><td>水泥</td><td>杭州P·O 42.5</td><td>410</td><td>100</td><td></td><td>100</td></tr>
<tr><td>石子</td><td>獐山</td><td>1297</td><td>316</td><td>1%</td><td>320</td></tr>
<tr><td>砂子</td><td>富阳</td><td>556</td><td>136</td><td>2%</td><td>138</td></tr>
<tr><td>水</td><td>自来水</td><td>172</td><td>42</td><td></td><td>38</td></tr>
<tr><td>掺合料</td><td></td><td></td><td></td><td></td><td></td></tr>
<tr><td>外加剂</td><td></td><td></td><td></td><td></td><td></td></tr>
<tr><td colspan="2">实测坍落度（cm）</td><td colspan="2">0.7cm</td><td>出盘温度（℃）</td><td colspan="2">37℃</td><td>入模温度（℃）</td><td>37℃</td></tr>
<tr><td colspan="2">混凝土完成数量（m^3）</td><td colspan="3">102.9m^3</td><td colspan="2">完成时间</td><td colspan="2">8月23日</td></tr>
<tr><td colspan="2">试块留置</td><td colspan="2">数量（组）</td><td colspan="5">编号</td></tr>
<tr><td colspan="2">标养</td><td colspan="2">6</td><td colspan="5">其中抗压3（组），抗折3（组）</td></tr>
<tr><td colspan="2">有见证</td><td colspan="2">6</td><td colspan="5">同上</td></tr>
<tr><td colspan="2">同条件</td><td colspan="2">/</td><td colspan="5">/</td></tr>
<tr><td colspan="2">混凝土浇筑中出现的问题及处理方法</td><td colspan="7">浇筑中未出现问题，一切正常</td></tr>
</table>

注：本记录每浇筑一次混凝土，记录一张。

施工项目技术负责人 李五（签名）　　　　填表人 刘四（签名）

混凝土浇筑记录 之三

施记表 17

施工单位：

<table>
<tr><td colspan="2">工程名称</td><td colspan="3">××市××路道路工程</td><td>浇筑部位</td><td colspan="3">Y142—Y141 平基</td></tr>
<tr><td colspan="2">浇筑日期</td><td colspan="2">××年9月22日</td><td>天气情况</td><td>晴</td><td>室外气温</td><td colspan="2">28℃</td></tr>
<tr><td colspan="2">设计强度等级</td><td colspan="2">C20</td><td colspan="2">钢筋模板验收负责人</td><td colspan="3">王三（签名）</td></tr>
<tr><td rowspan="11">混凝土拌制方法</td><td rowspan="2">商品混凝土</td><td colspan="2">供料厂名</td><td>自拌</td><td>合同号</td><td colspan="3">/</td></tr>
<tr><td colspan="2">供料强度等级</td><td>/</td><td>试验单编号</td><td colspan="3">/</td></tr>
<tr><td rowspan="9">现场拌合</td><td colspan="2">配合比通知单编号</td><td colspan="5"></td></tr>
<tr><td rowspan="8">混凝土配合比</td><td>材料名称</td><td>规格产地</td><td>每立方米用量（kg）</td><td>每盘用量（kg）</td><td>材料含水质量（kg）</td><td>实际每盘用量（kg）</td></tr>
<tr><td>水泥</td><td>杭州 P·O 42.5</td><td>304</td><td>50</td><td></td><td>50</td></tr>
<tr><td>石子</td><td>獐山</td><td>1292</td><td>212</td><td></td><td>214</td></tr>
<tr><td>砂子</td><td>富阳</td><td>622</td><td>102</td><td></td><td>100</td></tr>
<tr><td>水</td><td>自来水</td><td>182</td><td>30</td><td></td><td>30</td></tr>
<tr><td>掺合料</td><td></td><td></td><td></td><td></td><td></td></tr>
<tr><td>外加剂</td><td></td><td></td><td></td><td></td><td></td></tr>
<tr><td colspan="2">实测坍落度（cm）</td><td colspan="2"></td><td>出盘温度（℃）</td><td colspan="2">30℃</td><td>入模温度（℃）</td><td>28℃</td></tr>
<tr><td colspan="2">混凝土完成数量（m³）</td><td colspan="3">3.4m³</td><td colspan="2">完成时间</td><td colspan="2">9月22日</td></tr>
<tr><td colspan="2">试块留置</td><td colspan="2">数量（组）</td><td colspan="5">编　号</td></tr>
<tr><td colspan="2">标养</td><td colspan="2">1</td><td colspan="5">抗压1（组）</td></tr>
<tr><td colspan="2">有见证</td><td colspan="2">1</td><td colspan="5">同上</td></tr>
<tr><td colspan="2">同条件</td><td colspan="2"></td><td colspan="5"></td></tr>
<tr><td colspan="2">混凝土浇筑中出现的问题及处理方法</td><td colspan="7">浇筑中未出现问题，一切正常</td></tr>
</table>

注：本记录每浇筑一次混凝土，记录一张。

施工项目技术负责人 李五（签名）　　　　填表人 刘四（签名）

混凝土浇筑记录 之四

施记表 17

施工单位：

<table>
<tr><td colspan="3">工程名称</td><td colspan="3">××市××路××桥梁工程</td><td>浇筑部位</td><td colspan="3">16mp 空心中板 L16—1＃</td></tr>
<tr><td colspan="3">浇筑日期</td><td colspan="2">××年 08 月 21 日</td><td>天气情况</td><td>晴</td><td>室外气温</td><td colspan="2">25－34℃</td></tr>
<tr><td colspan="3">设计强度等级</td><td colspan="2">C30</td><td colspan="2">钢筋模板验收负责人</td><td colspan="3"></td></tr>
<tr><td rowspan="11">混凝土拌制方法</td><td rowspan="2">商品混凝土</td><td colspan="2">供料厂名</td><td colspan="2"></td><td>合同号</td><td colspan="3"></td></tr>
<tr><td colspan="2">供料强度等级</td><td colspan="2"></td><td>试验单编号</td><td colspan="3"></td></tr>
<tr><td rowspan="9">现场拌合</td><td colspan="3">配合比通知单编号</td><td colspan="5">××检测中心 00－86－1</td></tr>
<tr><td rowspan="8">混凝土配合比</td><td>材料名称</td><td>规格产地</td><td>每立方米用量（kg）</td><td>每盘用量（kg）</td><td>材料含水质量（kg）</td><td colspan="2">实际每盘用量（kg）</td></tr>
<tr><td>水泥</td><td>杭州 P·O 42.5</td><td>403</td><td>100</td><td></td><td colspan="2">100</td></tr>
<tr><td>石子</td><td>獐山 20－40</td><td>1227</td><td>304</td><td>1.0</td><td colspan="2">307</td></tr>
<tr><td>砂子</td><td>富阳中砂</td><td>618</td><td>153</td><td>3.5</td><td colspan="2">159</td></tr>
<tr><td>水</td><td>自来水</td><td>185.4</td><td>46</td><td></td><td colspan="2">37</td></tr>
<tr><td>掺合料</td><td></td><td></td><td></td><td></td><td colspan="2"></td></tr>
<tr><td>外加剂</td><td></td><td></td><td></td><td></td><td colspan="2"></td></tr>
<tr><td colspan="2"></td><td></td><td></td><td></td><td colspan="2"></td></tr>
<tr><td colspan="3">实测坍落度（cm）</td><td colspan="2">3.0</td><td>出盘温度（℃）</td><td>31</td><td>入模温度（℃）</td><td colspan="2">29</td></tr>
<tr><td colspan="3">混凝土完成数量（m^3）</td><td colspan="3">7.5</td><td>完成时间</td><td colspan="3">22:30－次日 2:50</td></tr>
<tr><td colspan="3">试块留置</td><td colspan="2">数量（组）</td><td colspan="5">编　号</td></tr>
<tr><td colspan="3">标养</td><td colspan="2">1</td><td colspan="5">抗压 1（组）</td></tr>
<tr><td colspan="3">有见证</td><td colspan="2">1</td><td colspan="5">同上</td></tr>
<tr><td colspan="3">同条件</td><td colspan="2">2</td><td colspan="5">2（组）</td></tr>
<tr><td colspan="3">混凝土浇筑中出现的问题及处理方法</td><td colspan="7"></td></tr>
</table>

注：本记录每浇筑一次混凝土，记录一张。

施工项目技术负责人 ×××　　　填表人 ×××

构件吊装施工记录

施记表 18

工程名称	××市×环××桥工程						
施工单位	××市政工程有限公司						
吊装单位	××××工程有限公司			吊装日期	2002．8．16		
吊装机具	2 辆 25t 汽吊			吊装时天气	多云		
构件型号名　称	安装位置	安装标高	就位情况	固定方法	接缝处理	安装偏差	质量情况
中板 1－23	0号～1号台北侧	+3.045m+3.090m	平稳正确	球冠橡胶支座		纵3横7	良好
中板 1－12	0号～1号台北侧	+3.030m+3.073m	平稳正确	球冠橡胶支座		纵4横5	良好
中板 1－9	0号～1号台北侧	+3.020m+3.061m	平稳正确	球冠橡胶支座		纵3横6	良好
中板 1－3	0号～1号台北侧	+3.000m+3.038m	平稳正确	球冠橡胶支座		纵2横4	良好
中板 1－7	0号～1号台北侧	+2.990m+3.026m	平稳正确	球冠橡胶支座		纵3横3	良好
中板 1－16	0号～1号台北侧	+2.971m+3.016m	平稳正确	球冠橡胶支座		纵4横6	良好
中板 1－5	0号～1号台北侧	+2.962m+2.995m	平稳正确	球冠橡胶支座		纵2横5	良好
中板 1－19	0号～1号台北侧	+2.940m+2.983m	平稳正确	球冠橡胶支座		纵3横3	良好
边板 1－25	0号～1号台北侧	+2.931m+2.971m	平稳正确	球冠橡胶支座		纵4横6	良好

施工项目技术负责人：×××　　　　记录人：×××

顶管工程顶进记录

施记表 19

工程名称：××市××路排水工程　　顶管工作坑位置：Y12 井

顶进方向：自 Y12 井至 Y11 井　　管径 1600 mm　　管材种类：钢筋混凝土管　　接口形式：平接口

年 03 月日	班次时间	土质情况	顶进长度（m）		测量记录					高程偏差		中心偏差		管前掏土长度（cm）	表压（MPa）	使用镐数 t/台	备注
			本次	累计	坡度	坡度增减（±）	后视读数	前视应读数	前视管端实读数	高（+）	低（-）	左	右				
1	2	3	4	5	6	7	8	9=7+8	10	11	12	13	14	15	16	17	18
5/8	10: 30	砂质黏土	1.0	4.30	0.1%	-4.3	6180	6175.7	6168.0	7.7		13		30	21.3	200/2	QYS200
5/8	14: 23	砂质黏土	1.0	5.30	0.1%	-5.3	6180	6174.7	6172.0	2.7		5		30	21.8		
5/8	18: 17	砂质黏土	1.0	6.30	0.1%	-6.3	6180	6173.7	6165.0	8.7		0		30	22.0		
5/8	22: 06	砂质黏土	1.0	7.30	0.1%	-7.3	6180	6172.7	6171.0	1.7			9	30	22.6		
5/9	2: 01	砂质黏土	1.0	8.30	0.1%	-8.3	6180	6171.7	6163.0	8.7			12	30	23.4		
5/9	5: 46	砂质黏土	1.0	9.30	0.1%	-9.3	6180	6170.7	6158.0	2.7			18	30	24.1		
5/9	9: 38	砂质黏土	1.0	10.30	0.1%	-10.3	6180	6169.7	6162.0	7.7			21	30	24.9		
5/9	13: 25	砂质黏土	1.0	11.30	0.1%	-11.3	6180	6168.7	6169.0		0.3		14	30	25.6		
5/9	17: 14	砂质黏土	1.0	12.30	0.1%	-12.3	6180	6167.7	6170.0		2.3		11	30	26.2		
5/9	21: 03	砂质黏土	1.0	13.30	0.1%	-13.3	6180	6166.7	6175.0		8.3		3	30	26.7		
5/10	0: 56	砂质黏土	1.0	14.30	0.1%	-14.3	6180	6165.7	6170.0		4.3	6		30	27.8		

注：1. 表中 7—14 栏单位为毫米。

2. 表中 5×6=7 向下游坡度记（+），向上游坡度记（-）。

3. 后视坑内水准点的高程一般应为坡主度起点的管内底设计标高。

4. 9~10 若得正值记下 11，9~10 若得负值记入 12。

5. 每测一次记录一行，各栏均需认真填写。

6. 备注栏内可填写纠偏情况。

接班：王三　　测量人：陈陆

交班：刘伍

沉降观测记录 之一

施记表21

施工单位：××市政工程有限公司　　　　编号：

工程名称	××桥接线工程						
水准点编号	SQN1						
水准点所在位置	围护边墙体						
水准点高程（m）	8.545						
观测日期：××××年8月25日							
自××××年7月14日起 至××××年8月25日止							
观测点	观测时间			实测标高（m）	本期沉降量（mm）	总沉降量（mm）	说明
	月	日	时				
D5立柱	8	25	9	7.599	1	1	
D6立柱	8	25	9	7.600	0	0	
D7立柱	8	25	9	7.498	2	2	
D8立柱	8	25	9	7.499	1	1	
D9立柱	8	25	9	7.499	1	1	
D10立柱	8	25	9	7.500	0	0	
E4立柱	8	25	10	7.600	0	0	
E3立柱	8	25	10	7.599	2	2	
E2立柱	8	25	10	7.499	1	1	
E1立柱	8	25	10	7.499	1	1	
E0立柱	8	25	10	7.499	1	1	
E-1立柱	8	25	10	7.000	0	0	

项目施工技术负责人：×××　　计算：×××　　测量：×××

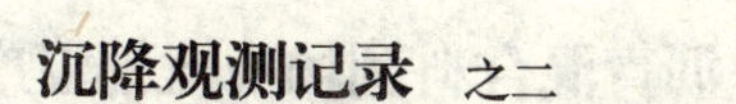

沉降观测记录 之二

施记表 21

施工单位：××市政工程有限公司　　　　编号：

工程名称	××桥接线工程
水准点编号	SQ1
水准点所在位置	门口围墙基础上
水准点高程（m）	8.545
观测日期：××××年9月11日	
自××××年8月11日起 至××××年9月11日止	

观测点	观测时间			实测标高（m）	本期沉降量（mm）	总沉降量（mm）	说明
	月	日	时				
A14－1	5	31	8:30	7.498	2	2	
A14－2	5	31	8:30	7.499	1	1	
A13－1	5	31	8:30	7.498	2	2	
A13－2	5	31	8:30	7.499	1	1	
A12－1	5	31	8:30	7.499	1	1	
A12－2	5	31	8:30	7.499	1	1	
A11－1	5	31	8:30	7.499	1	1	
A11－2	5	31	8:30	7.500	0	0	
A10－1	5	31	8:30	7.5	1	1	
A10－2	5	31	8:30	7.499	0	0	

项目施工技术负责人：×××　　　计算：×××　　　测量：×××

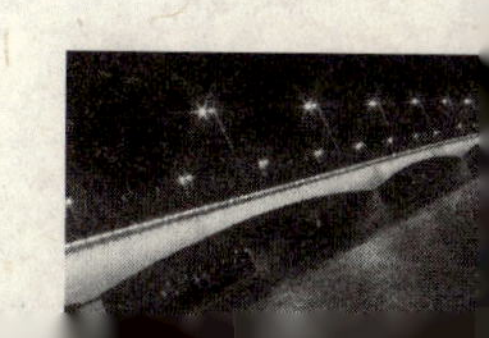

沥青混合料到场及摊铺温度检测记录

施记表 25

工程名称：××市××道路工程　　部位：0+035－0+212　　施工单位：××市政工程有限公司

日期	沥青混合料生产厂家	运料车号	混合料规格	到场温度（℃）	摊铺温度（℃）	备注
××/11/16	××沥青拌合厂	01	26.5～31.5	145	125	
××/11/16	××沥青拌合厂	02	26.5～31.5	142	122	
××/11/16	××沥青拌合厂	03	26.5～31.5	143	123	
××/11/16	××沥青拌合厂	04	26.5～31.5	146	126	
××/11/16	××沥青拌合厂	05	26.5～31.5	144	124	
××/11/16	××沥青拌合厂	06	26.5～31.5	145	125	
××/11/16	××沥青拌合厂	01	26.5～31.5	144	124	
××/11/16	××沥青拌合厂	02	26.5～31.5	145	125	
××/11/16	××沥青拌合厂	03	26.5～31.5	144	124	
××/11/16	××沥青拌合厂	04	26.5～31.5	145	125	

测温人：×××

沥青混合料碾压温度检测记录

施记表26

工程名称：　　　　　　　　部位：　　　　　　　　施工单位：

日期	沥青混合料生产厂家	碾压段落	初压（℃）	复压（℃）	终压（℃）	备注
××/11/16	××沥青拌合厂	0+035－0+212	95	90	85	
××/11/16	××沥青拌合厂	0+035－0+212	95	90	85	
××/11/16	××沥青拌合厂	0+035－0+212	95	90	85	
××/11/16	××沥青拌合厂	0+035－0+212	95	90	85	
××/11/16	××沥青拌合厂	0+035－0+212	95	90	85	
××/11/16	××沥青拌合厂	0+035－0+212	95	90	85	
××/11/16	××沥青拌合厂	0+035－0+212	95	90	85	
××/11/16	××沥青拌合厂	0+035－0+212	95	90	85	
××/11/16	××沥青拌合厂	0+035－0+212	95	90	85	
××/11/16	××沥青拌合厂	0+035－0+212	95	90	85	
××/11/16	××沥青拌合厂	0+035－0+212	95	90	85	
××/11/16	××沥青拌合厂	0+035－0+212	95	90	85	

测温人：×××

补偿器安装记录

施记表 28

工程名称：××市××路燃气工程（1+980-××路）

施工单位	××机电设备安装有限公司		
设计压力（MPa）	1.6	补偿器安装位置	2+973.8
补偿器规格型号	16SGMZP200×4-F	补偿器材质	SUS304
固定支架间距（m）	30	设计温度（℃）	8
设计预拉值（mm）	3.8	实际预拉值（mm）	10.0

补偿器安装及预拉示意图与说明：

补偿器在自然条件下安装，当补偿器与阀门连接牢固时，松开补偿器的螺栓，让补偿器在自然条件下预拉伸。补偿器安装符合设计要求，合格

检查结果	

建设单位	监理单位	施工单位		
		施工项目技术负责人	质检员	工长
×××	×××	×××	×××	

补偿器冷拉记录

施记表 29

施工单位：

<table>
<tr><td>工程名称</td><td colspan="4">××市××路燃气工程（1+980－××路）</td></tr>
<tr><td>部位工程名称</td><td colspan="4">××机电设备安装有限公司</td></tr>
<tr><td>补偿器编号</td><td></td><td>补偿器所在图号</td><td colspan="2">MGS01－06</td></tr>
<tr><td>管段长度（m）</td><td>104</td><td>直径</td><td colspan="2">DN200</td></tr>
<tr><td>设计冷拉值（mm）</td><td>3.8</td><td>实际冷拉值（mm）</td><td colspan="2">10.0</td></tr>
<tr><td>冷拉时间</td><td>2min</td><td>冷拉时气温（℃）</td><td colspan="2">12℃</td></tr>
<tr><td colspan="5">冷拉示意图</td></tr>
<tr><td>备注</td><td colspan="4"></td></tr>
<tr><td rowspan="2">建设单位
及人员
签字</td><td>建设单位</td><td>监理单位</td><td>设计单位</td><td>施工单位</td></tr>
<tr><td>×××</td><td>×××</td><td></td><td>×××</td></tr>
</table>